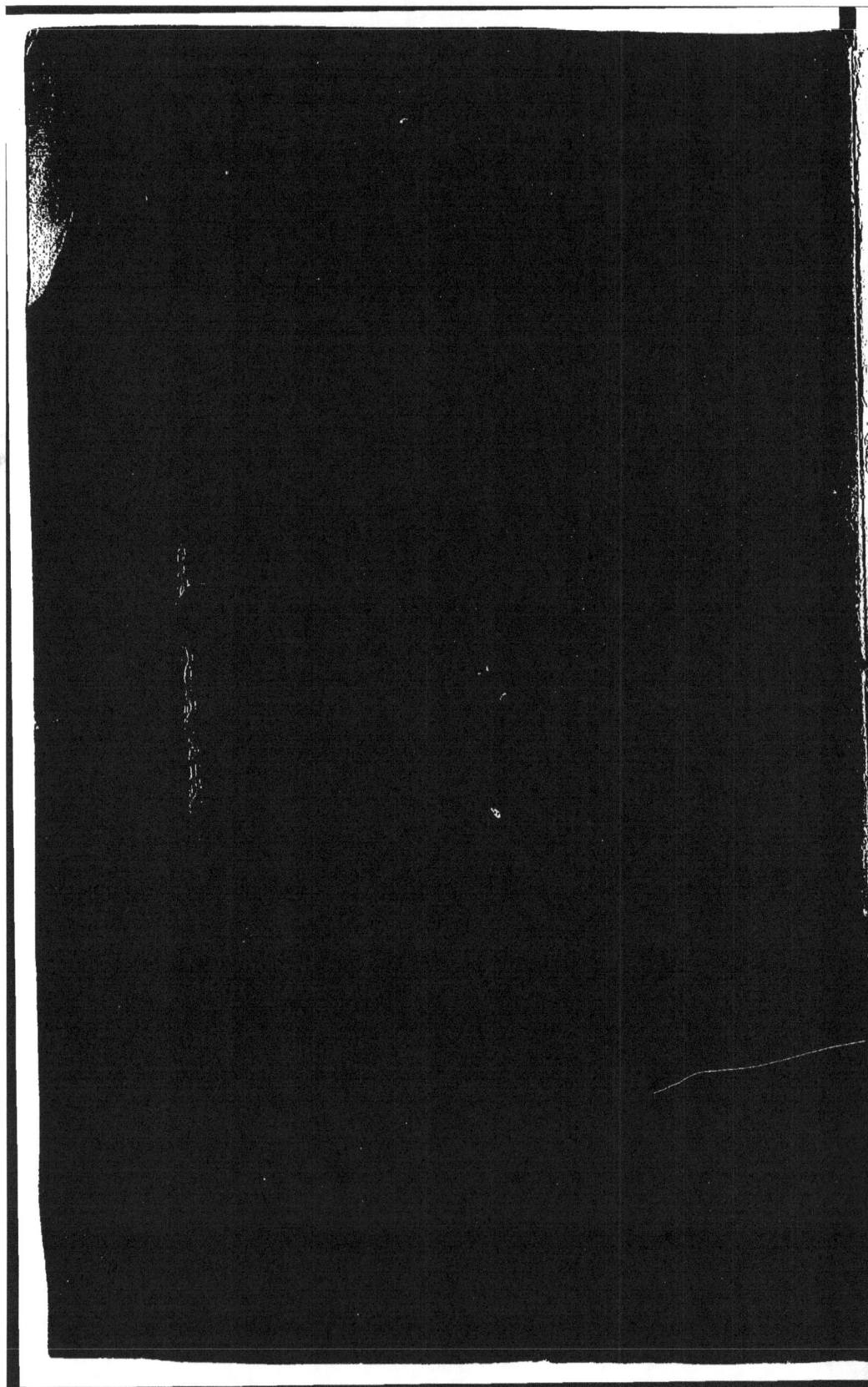

TRAITÉ

DE LOCOMOTION DU CHEVAL

RELATIF A L'ÉQUITATION.

TRAITÉ

DE

LOCOMOTION DU CHEVAL

RELATIF A L'ÉQUITATION.

NOUVELLES PROPORTIONS

Par I. DAUDEL.

SAUMUR,

IMPRIMERIE DE P. GODET, PLACE DU MARCHÉ-NOIR, N° 1.

—

1854.

SOMMAIRE.

INTRODUCTION.

L'équitation ne fut longtemps qu'un art pratique, sans principes vrais ni bases solides.

Ce que l'on appelait autrefois *le tact*, *le sentiment équestre*, n'était que le résultat d'une aveugle routine acquise au prix de longues années de travail. Ce fut le seul titre des quelques hommes privilégiés qui donnèrent à l'équitation ce degré de précision, de cadence et de grâce que nous recherchons encore aujourd'hui.

Tout homme qui voulait pénétrer *les secrets de l'art*, devait s'armer de patience, de persévérance et s'enfermer dans les murs silencieux du manége, ce sanctuaire impénétrable pour qui n'avait pas reçu de la nature ce qu'aujourd'hui les gens à intelligence paresseuse ou à ignorance parée d'orgueil, appellent *le je ne sais quoi*.

Il fallait marcher au hasard, partir du même point que les maîtres, surmonter, à force de tâtonnements, les obstacles qui les avaient arrêtés, et arriver, enfin, à dire, comme eux, après vingt-cinq ans d'exercice, *je ne sais rien ; — il est des choses qu'on sent et qu'on ne peut exprimer.— Faites comme moi.— Cherchez, vous trouverez.*

Cet état de choses resta longtemps le même, bien que, cependant, à des époques plus ou moins éloignées, les Laguerinière, les Dupaty de Clam, les Thiroux, les de Bohan, etc., eussent jeté quelques étincelles de vérité sur le commencement de la route qu'on aurait dû suivre.

Enfin, à une époque qui n'est pas fort éloignée de nous, l'art de l'équitation a reçu des règles et des principes que le raisonnement a classés en méthode ; on n'a plus marché à tâton dans l'ornière obscure de la routine ; on a étudié, on a raisonné, et l'art est devenu science.

La description du cheval, telle que nous allons la faire, et l'explication détaillée de ses allures, ont été réclamées par tous les écuyers qui ont senti la nécessité d'asseoir les principes de l'équitation sur des bases immuables. Beaucoup d'auteurs anciens ont tenté d'exécuter ce travail ; mais leurs efforts n'ont produit que des résultats vagues et le plus souvent des théories erronées. Faut-il s'en étonner, lorsqu'aujourd'hui même la presse gémit sur des erreurs non moins grossières ?

La théorie de la locomotion du cheval est sans contredit une des branches les plus importantes de l'étude de l'extérieur, puisque les services que peut nous rendre ce précieux quadrupède, dépendent absolument de la facilité et de la sûreté de sa marche ; et cependant, il faut le dire, elle est loin d'avoir été présentée avec tous les détails qu'elle comporte.

M. F. Lecoq, professeur à l'École vétérinaire de Lyon, est le seul auteur qui ait traité cette question d'une manière satisfaisante ; et, sauf quelques légères erreurs, ses théories, qui nous ont servi de point de départ, peuvent éclairer les personnes qui n'étudient le cheval que sous le rapport de sa valeur marchande.

Mais les ouvrages d'hippologie militaire ne doivent pas s'arrêter à la seule question d'appréciation ; ils doivent aussi embrasser toutes celles qui se rattachent à l'équitation, sous peine de manquer leur but : et c'est encore par là que pèchent nos différents auteurs. Relever des erreurs qui pourraient fausser le raisonnement des élèves ; faire ressortir les avantages qu'on peut retirer de l'étude des actions locomotrices du cheval pour le dressage et la science équestre, ainsi que pour l'appréciation des qualités essentielles du cheval, est le seul but pour lequel nous publions ce travail, qui n'est que la première partie d'un ouvrage plus complet d'équitation. Nous aimons à croire, aussi, que ces mêmes motifs nous vaudront l'indulgence du lecteur.

Nos études comprendront deux parties : la première traitera de la construction de l'appareil locomoteur et de tout ce qui s'y rapporte ; la deuxième expliquera les actions de locomotion, et présentera, en outre, diverses questions relatives à l'équitation.

Dans l'étude de l'appareil locomoteur nous avons été conduit à établir de nouvelles mesures de proportions et à examiner cette partie sous un point de vue nouveau, les mesures de Bourgelat ni la plupart de ses considérations n'étant plus applicables à l'espèce chevaline actuelle.

Nous ferons remarquer ici, que si nous avons établi des chiffres et indiqué des mesures ce n'a été que dans le but d'avoir un point de départ, des bases fixes sur lesquelles on pût s'appuyer pour suivre nos démonstrations. Loin de nous l'idée d'apprécier le cheval, le compas et la règle à la main.

Enfin, si nous avons été amené à critiquer des théories, des opinions, des faits d'observation, même, de personnes fort recommandables par leur savoir et par leur expérience, qu'on ne croie pas que nous ayons été stimulé par un simple et stupide motif de critique, mais bien par amour pour la science et pour la vérité.

Du choc jaillit la lumière.

D'autres viendront après nous et relèveront nos erreurs.

Nous nous sommes permis de reproduire un néologisme de M. le capitaine Raabe, qui a écrit chuter au lieu de choir. Cette expression nous a paru plus convenable.

ERRATA.

Page 19, ligne 24, lisez : la partie musculeuse des bifémoro-calcaniens *ainsi que celle des tibio-prémétatarsien, péronéo-calcanien, etc., etc.,* qui constitue.....

Page 22, ligne 9, lisez : en raison du volume *et du poids* des corps sur lesquels elle s'exerce.

Page 23, ligne 19, lisez : il y a alors *une première condition d'équilibre.*

Saumur, imp. de P. GODET.

TRAITÉ

DE

LOCOMOTION DU CHEVAL

RELATIF A L'ÉQUITATION.

NOUVELLES PROPORTIONS.

PREMIÈRE PARTIE.

Étude de l'appareil locomoteur.

CHAPITRE Ier.

EXAMEN DE L'APPAREIL LOCOMOTEUR.

La cause essentielle du mouvement des animaux réside dans le *système cérébro-spinal*, encore appelé *encéphale* ou *système nerveux de la vie animale* (1).

C'est sous l'influence de l'action nerveuse, comparée par quelques physiologistes au fluide électrique, que les animaux exécutent les mouvements variés que leur dicte leur instinct ou que leur volonté commande.

L'action nerveuse provoque les mouvements; les muscles et les os les exécutent. Les muscles ne sont donc pas, comme on l'a prétendu, les *agents directs* du mouvement; ils ne sont qu'*agents secondaires*, *actifs*, et les os, *des instruments inertes*, *passifs*.

---

(1) Le *système nerveux de la vie organique ou ganglionaire* appartient spécialement aux organes de nutrition.

1.

Nous laisserons de côté toute question anatomique ou physiologique, pour ne nous occuper ici que de la mécanique animale; nous étudierons d'abord la construction de l'appareil locomoteur que nous diviserons en squelette et muscles.

SQUELETTE.

Le squelette du cheval est formé d'un grand nombre d'os (191 d'après Rigot), réunis au moyen d'articulations plus ou moins mobiles.

Toutes les pièces de la charpente osseuse ne présentent pas la même structure ; on en trouve d'aplaties, d'irrégulières et de cylindroïdes, et leurs formes sont parfaitement appropriées aux usages auxquels elles sont destinées, comme on peut le voir en étudiant le squelette.

Nous examinerons rapidement la charpente osseuse en suivant la division généralement admise : *tête*, *tronc* et *membres*. Ce qui réclamera notre attention sera la position et surtout le mécanisme des diverses pièces qui supportent le corps et exécutent la locomotion.

Tête. — Placée à la partie antérieure du tronc et à l'extrémité antérieure de la colonne cervicale, la tête renferme les organes des sens. Les différentes positions qu'elle peut prendre, et l'effet varié de son poids à l'extrémité du levier qui la supporte, peuvent faire subir de nombreux déplacements au centre de gravité du cheval.

Tronc. — Le tronc a pour base, à sa partie supérieure et médiane, la colonne vertébrale, dont la division et la structure offrent un grand intérêt à l'étude que nous voulons aborder. Elle est la poutre, le sommier sur lequel viennent s'appuyer toutes les autres pièces de la charpente, soit directement, soit indirectement. Sa portion cervicale, qui est la base de l'encolure, présente des inflexions qui lui donnent la forme d'un S horizontal et lui permettent de s'allonger, de se raccourcir et de se porter à droite et à gauche dans des directions différentes.

Dans sa région dorsale, cette colonne suit une direction sensiblement horizontale. Ses 18 vertèbres donnent attache à autant de paires de côtes qui vont se réunir plus ou moins directement au sternum, situé à la partie inférieure et antérieure de la cage osseuse. Elle présente supérieurement des éminences très-développées qu'on appelle apophyses épineuses; les 6 ou 7 premières (base du garrot) sont plus longues que les autres, et sont inclinées en arrière afin de fournir un point d'appui favorable aux muscles de l'avant-main qui s'insèrent sur elles. Elles se redressent peu à peu à mesure qu'elles s'éloignent du garrot, de sorte que vers le milieu de la colonne dorsale elles sont à peu près verticales, puis s'inclinent ensuite en sens contraire des premières, dans le but encore d'offrir des points d'appui plus solides aux muscles qui viennent de l'arrière-main.

La région lombaire fait suite à celle du dos, elle présente des apophyses épineuses disposées comme celles de la région précédente, et de plus elle porte latéralement des apophyses transverses très-développées.

Les régions dorsale et lombaire peuvent exécuter des mouvements variés, peu étendus d'une vertèbre sur l'autre, mais assez marqués, lorsque le jeu de toutes les vertèbres s'additionne pour un mouvement commun; elles n'ont pas cependant autant de mobilité que la région de l'encolure.

La région *sus-sacrée* est composée d'un seul os, le sacrum (base de la croupe), de même forme que les vertèbres, mais dont la longueur est de 4 à 5 fois plus grande.

Vient enfin le *coccyx*, composé d'une série d'os de plus en plus petits qui forment la base de la queue.

Un grand os planiforme, le coxal, formé de deux pièces, vient se souder aux faces latérales du sacrum. Il est placé obliquement de haut en bas et d'avant en arrière, et forme le premier rayon des membres postérieurs. Il est la base des hanches.

Membres. — Placés sous l'édifice, comme quatre colonnes, les membres sont destinés à supporter le corps pendant la station comme dans la marche. Sous ce double point de vue, ils réclament particulièrement notre attention.

Les membres antérieurs sont composés d'abord : du scapulum, os aplati à sa partie supérieure. Cet os, le premier rayon supérieur du membre, placé à la partie antérieure et latérale de la poitrine, est incliné de haut en bas et d'arrière en avant. Il se joint à l'os du bras, humerus, au moyen d'une articulation par genou ayant des mouvements en tous sens (arthroïdale).

L'humerus, second rayon des membres antérieurs, est placé dans une direction opposée à celle du premier.

Le cubitus, troisième rayon, est le premier qui se détache complètement du tronc; il s'articule avec l'humerus par une charnière parfaite, permettant l'extension et la flexion (ginglyme parfait), il se fléchit sur le bras d'arrière en avant.

Les rayons qui terminent le membre se fléchissent tous en sens contraire, c'est-à-dire d'avant en arrière.

A partir du canon, les phalanges qui composent la région digitée quittent la verticale sous un angle de 45°.

Le coxal, avons nous dit, forme le premier rayon des membres postérieurs; il est beaucoup plus incliné que l'épaule sur la verticale, et en sens contraire.

Le fémur, deuxième rayon des membres postérieurs, se lie au coxal par une articulation arthroïdale et suit une direction opposée, d'arrière en avant.

Le tibia est lui-même opposé au fémur, et se fléchit en arrière.

Le canon, prémetatarsien, a sa flexion en avant et s'articule avec le jarret par ginglyme parfait.

La région digitée, dans les membres postérieurs, se fléchit en arrière, comme celle des membres de devant; mais les os sont plus longs et plus forts que ceux des membres thoraciques, et celui du pied est ovale, tandis que dans les membres antérieurs il présente une forme arrondie.

Cette différence dans les os des pieds s'explique parfaitement par les fonctions que les uns et les autres doivent remplir. Les pieds postérieurs, destinés principalement à pincer le sol pour projeter plus facilement la masse en avant, doivent, en effet, avoir leur pince plus allongée; tandis que la forme arrondie des pieds antérieurs, destinés à soutenir la masse, fournit un appui plus solide et plus certain.

Si nous considérons maintenant l'ensemble de la direction des rayons articulaires des membres antérieurs et postérieurs, nous verrons qu'ils forment des angles opposés les uns aux autres, et que cette opposition existe toute dans l'intérêt de la progression.

En effet, lorsque l'angle formé par le fémur et le coxal s'ouvre, l'angle formé par l'épaule et le bras opère aussi son extension, mais en sens inverse, de sorte que les colonnes antérieures et postérieures se trouvent éloignées l'une de l'autre. Le cheval peut embrasser du terrain.

On peut dès à présent établir que plus les rayons supérieurs des membres seront longs, plus l'écartement sera grand, et l'espace embrassé considérable ; car alors le chemin parcouru par les rayons articulaires pendant l'extension sera plus grand.

On remarque ensuite que les membres antérieurs n'offrent plus d'angles articulaires depuis le bras jusqu'au boulet, tandis que dans les postérieurs on en trouve un second, formé par la jambe et le canon, et dont les actions se passent dans le même sens que celui coxo-fémoral, d'où il résulte que la somme des arcs de cercle décrits par les rayons des membres postérieurs est beaucoup plus considérable que celle des antérieurs. Nous verrons plus loin où peut se trouver la compensation nécessaire aux mouvements des membres thoraciques.

Il existe également une différence dans le nombre d'articulations qui se fléchissent en arrière dans la région inférieure des membres. Dans les membres postérieurs, la plupart des angles articulaires ont été ménagés pour chasser la masse soit horizontalement, soit verticalement ; aussi n'ont-ils que leur région digitée qui se fléchisse en arrière. Les membres antérieurs, au contraire, qui doivent plutôt étayer la masse que la pousser, présentent une direction rectiligne, pour assurer la solidité des étais et pour éviter la flexion qui aurait lieu nécessairement si les colonnes étaient brisées, lorsque le poids du corps augmenté par la vitesse pèserait sur elles. Toutes leurs articulations, à partir du genou, se fléchissent en arrière, sans nul doute pour éviter les obstacles qu'ils sont exposés à rencontrer sur le sol.

Enfin, on remarque que la possibilité de se déplacer latéralement ne réside, pour tous les membres, que dans leur région supérieure et dans une seule articulation. Cette disposition est admirable, comme toutes celles que la nature a dictées. Le rayon d'action se trouvant ainsi allongé, l'articulation a moins de mouvements à subir, et peut conserver par cela même plus de solidité. Si cette faculté de mouvements arthroïdaux avait été placée plus bas dans les membres, pour que l'espace embrassé eût été aussi grand que par le mode précédent, l'articulation dans laquelle ils se seraient opérés, eût dû présenter beaucoup plus de mobilité ; mais c'eût été au détriment de la force de résistance des membres.

Nous voyons donc que tout, dans la machine animale, est disposé pour la solidité et la vitesse.

MUSCLES.

L'étude des muscles ne nous offre pas le même intérêt que celle de la charpente animale : connaissant déjà leur rôle physiologique, il nous suffira d'indiquer que, par leur volume et leur densité plus ou moins considérable, ils contribuent à donner au cheval plus ou moins de légèreté ou plus ou moins de lourdeur.

En traitant des proportions, nous ferons connaître ceux des muscles qui se rapportent à la locomotion, et nous en indiquerons les qualités et les défauts.

CHAPITRE II.

APLOMBS.

Les aplombs ont été définis, une direction des membres sous la masse, à la fois favorable à la station et au mouvement.

Lorsque les quatre membres du cheval, considérés sur toutes leurs faces, auront leur axe vertical tombant sur les quatre angles d'un rectangle, dont la longueur sera les cinq sixièmes environ de la hauteur du corps, prise du sommet du garrot à terre, et la largeur le quart, les membres seront dans leur aplomb parfait. La base de sustentation sera exactement en rapport avec la hauteur, la largeur et la longueur du corps. La répartition régulière du poids de la masse rendra l'équilibre stable, et les membres, ainsi placés, se trouvant au milieu du cercle de leurs mouvements possibles, pourront se déplacer en tous sens, sans perte de temps et sans travail inutile.

Nous examinerons les aplombs de deux manières, de face et de profil.

MEMBRES ANTÉRIEURS ET POSTÉRIEURS VUS DE FACE.

Lorsque les pieds des membres antérieurs se trouvent portés en dehors de la verticale passant par la pointe de l'épaule, les pieds sont tournés en dehors, le cheval est dit *panard*.

Si cette direction des membres donne plus de largeur à la base de sustentation, les colonnes de support, perdant leur verticalité, s'éloignent de leur condition la plus favorable. Dans la marche, l'action des membres ne sera pas employée tout entière à la progression, il y aura décomposition des forces : une partie sera absorbée par les mouvements obliques et par un déplacement latéral plus considérable du centre de gravité.

Mêmes conséquences pour les pieds postérieurs, lorsqu'ils sont en dehors de la verticale, abaissée de la pointe des fesses.

Si, au contraire, les membres sont dirigés en dedans de la même ligne, les pieds sont tournés en dedans, et le cheval est dit *cagneux*.

La base de sustentation se trouve rétrécie, et par conséquent l'équilibre moins stable. La décomposition des forces est moins grande que dans le défaut précédent, parce que le centre de gravité éprouve des déplacements latéraux moindres, mais la solidité est diminuée. Les mouvements obliques des membres suivent une direction opposée.

La déviation d'aplomb peut ne pas exister dans tout le membre, et le cheval se trouver *cagneux* ou *panard* du *genou*, du *boulet* et même du *pied*. Ces défauts sont alors plus graves, car ils ne se font sentir que sur un petit nombre de points.

Il peut arriver que les deux extrémités du membre soient exactement dans la ligne d'aplomb, et que le genou et le jarret seuls soient déviés en dehors ou en dedans (*genoux de bœuf* ou *trop ouverts* — *jarrets clos* ou *crochus* — *jarrets trop ouverts*).

Les colonnes de support auront moins de résistance. Les membres, considérés mécaniquement, n'apporteront que peu de perturbation dans les mouvements; mais la brisure de la colonne entraînera nécessairement un emploi de force perdue pour la locomotion.

Il ne faut pas confondre le défaut d'être panard ou cagneux avec ceux que l'on appelle *trop ouverts* ou *trop serrés*. Ces derniers sont constitués par un écartement ou un rapprochement trop considérable des membres, sans qu'il y ait déviation ou éloignement de la verticale. Cette disposition est moins contraire à la progression que lorsqu'il y a inclinaison.

MEMBRES ANTÉRIEURS ET POSTÉRIEURS VUS DE PROFIL.

Lorsque les pieds antérieurs reposeront en arrière de la verticale que doit suivre l'axe du membre, le cheval sera *sous lui du devant*. Alors les colonnes de support perdent de leur résistance par leur direction oblique sous la masse. La base de sustentation est raccourcie. Le centre de gravité, situé plus près des extrémités antérieures, rend l'équilibre moins stable. Les instruments lo_comoteurs, ne se trouvant plus au centre de leur cercle d'action, ont un espace inutile à parcourir avant de pouvoir contribuer à la progression.

Si l'éloignement des pieds se trouve en avant de la verticale, le cheval est *campé du devant*.

Les colonnes de support offrent moins de résistance que si elles étaient verticales; et tout en allongeant la base de sustentation, leur obliquité présente des étais solides à la masse. Le centre de gravité est porté en avant. Les membres arc-boutés contre le corps s'opposent à la vitesse. Enfin, cette direction des membres nécessite un emploi de force perdue pour la progression.

Le genou seul peut être porté en avant ou en arrière de la verticale (*brassicourt*, ou *arqué-genoux creux*). Ces défauts, localisés dans une seule partie du membre, sont plus graves que les précédents.

Si le paturon, au lieu de former un angle de 45° avec la verticale, se redresse et se rapproche de cette ligne, le membre acquiert de la résistance, mais la progression y perd par la diminution de l'élasticité qui doit se trouver dans l'articulation du boulet.

Lorsque les pieds des membres postérieurs reposent en avant de la ligne d'aplomb, le cheval est *sous lui du derrière*.

La force des colonnes est amoindrie. La base de sustentation est raccourcie. Le centre de gravité porté plus près des membres abdominaux, allége l'avant-main, en rend les mouvements plus faciles en hauteur qu'en longueur. Le cheval est plus facilement dominé.

Les jarrets *coudés* accompagnent souvent ces défauts et en aggravent les conséquences.

Lorsque les membres postérieurs présentent une direction oblique en arrière de la ligne d'aplomb, le cheval est *campé du derrière*.

La base de sustentation est allongée. Les points d'appui postérieurs s'éloignent du centre de gravité. La puissance des colonnes diminue. Il y a dépense de forces et fatigue en pure perte. Le ralentissement et l'arrêt s'opèrent difficilement.

Le jarret *droit* s'associe fréquemment à ce défaut.

Jusqu'ici nous n'avons considéré les aplombs qu'isolément ; mais il arrive fréquemment qu'un défaut se trouve corrigé par un autre défaut. Deux maux opposés produisent alors un bien.

Le cheval sous lui du devant, par exemple, serait exposé à buter, à chuter même, si son instinct ne le portait à trouver une compensation. Or, que fait-il ? Dans le repos il porte le plus ordinairement ses membres postérieurs en arrière, pour retrouver la longueur de sa base de sustentation. Le centre de gravité se trouve alors porté plus en arrière et l'équilibre est plus stable. Il allége encore son avant-main en relevant beaucoup sa tête et en la portant en arrière.

Ce défaut se présente très-fréquemment. Lorsqu'il est porté à l'excès, le cheval a presque toujours l'*encolure de cerf*.

Mais lorsque, changeant d'attitude, le cheval abaisse sa tête et la rapproche de son poitrail, les extrémités postérieures doivent encore amener un rétablissement nécessaire de l'équilibre, soit en se portant plus en arrière, ce qui n'a lieu que très-rarement, soit en se rapprochant beaucoup des extrémités antérieures. La mobilité devient plus grande par l'instabilité que cette dernière position donne à l'équilibre.

Le placer de la tête étant la condition la plus avantageuse dont le cavalier puisse disposer pour maîtriser le cheval, on comprendra facilement qu'on ne doit chercher à l'obtenir qu'après avoir placé les extrémités postérieures sous la masse. Le dressage doit porter principalement, dans ce cas, sur l'arrière-main.

Le défaut d'être *sous lui du devant* provient presque toujours d'une différence proportionnelle dans la hauteur de l'avant ou de l'arrière-main, soit que celle-ci soit trop haute par rapport à l'avant-main, soit que l'avant-main soit proportionnellement trop basse.

Dans le cheval *campé du devant*, le défaut provient généralement des dispositions contraires. Le centre de gravité rejeté en arrière surcharge les extrémités postérieures et oblige l'animal à allonger son encolure et à abaisser sa tête pour rétablir la répartition normale de son poids.

Dans les chevaux qui présentent ce dernier défaut, il arrive presque toujours que l'avant-main est plus forte que l'arrière-main, et celle-ci quelquefois faible. Ainsi, le plus souvent, les reins sont longs et présentent peu de vigueur ; les jarrets sont mal construits (droits). Il faut dans ce cas laisser beaucoup de liberté à l'avant-main qui traîne le derrière à la remorque. On doit même chercher à placer la tête plus ou moins bas, sans raccourcir l'encolure, et ne pas exiger le travail trop raccourci.

CHAPITRE III.

NOUVELLES PROPORTIONS.

Depuis que le fondateur des écoles vétérinaires a établi les proportions du cheval et en a donné les mesures, l'espèce chevaline a vu ses formes considérablement modifiées dans leur longueur comme dans leur volume.

Au temps de Bourgelat, l'espèce était plus commune, le cheval était épais, lourd, massif; sa tête était longue, osseuse, chargée de chair aux ganaches, busquée sur le chanfrein; son encolure, courte, était épaisse et garnie de crins grossiers; ses épaules, ses bras et toute son arrière-main étaient recouverts de muscles volumineux et empâtés; son poitrail était large, son ventre très-développé; les extrémités manquaient de sècheresse.

Quels contrastes avec la race qui vient de naître !

Sous l'influence du sang anglais, des accouplements judicieux et de l'élevage bien entendu, les races de la majeure partie de la France ont enfin acquis des qualités physiques et des qualités morales qui permettent de les distinguer de l'espèce bovine avec laquelle on aurait pu les confondre auparavant par leur lourdeur et leur empâtement.

Le cheval se présente aujourd'hui avec une avant-main légère, svelte, élégante; son train postérieur a pris plus de force, plus de vigueur, plus de nerf, comme on dit, et en même temps, toutes les conditions de vitesse ont été augmentées.

La plupart des mesures de proportion fixées par Bourgelat ne sauraient donc plus être appliquées aux chevaux que nous possédons. C'est dans le but de satisfaire aux nouvelles exigances que nous publions le tableau suivant.

Tableau des mesures de porportion.

Tableau des mesures de proportion.

Tête prise pour unité de mesure, divisée en 3 primes, chaque primes en 3 secondes, chaque seconde en 3 points (voyez planche 1re) cheval de 1 mètre 50 cent. de taille.

DÉSIGNATION DES DIVERSES PARTIES DU CORPS.	Mètre.	Centim.	Têtes.	Primes.	Secondes.	Points.
Longueur de la tête (unité de mesure).	»	59	1	»	»	»
Hauteur du sommet du garrot à terre (taille) . . .	1	58	2	2	»	»
Longueur du corps de la pointe de l'épaule à la pointe des fesses.	1	58	2	2	»	»
Hauteur du sommet de la croupe au sol	1	50	2	1	1	2
Longueur du grand axe de l'encolure. . . .	»	63	1	»	»	2
Longueur du sommet de la nuque au sommet du garrot.	»	91	1	1	1	2
Longueur du sommet du garrot à la pointe de l'épaule.	»	65	1	»	1	»
Longueur de l'épaule, elle-même	»	59	1	»	»	»
Longueur du bras, de la pointe de l'épaule au coude.	»	41	»	2	»	1
Hauteur du sommet du garrot au coude	»	66	1	»	1	»
Hauteur du sommet du garrot à l'inter-ars . . .	»	74	1	»	2	1
Longueur du coude au suscarpien.	»	42	»	2	»	2
Longueur du suscarpien à terre.	»	49	»	2	1	1
Longueur du genou, de profil	»	8	»	»	1	1
Longueur du canon, de la partie inférieure du genou au milieu du boulet.	»	25	»	1	»	2
Longueur du paturon, du milieu du boulet à la corne.	»	13	»	»	2	»
Longueur du sommet du garrot, en ligne horizontale, jusqu'au niveau de la pointe des hanches . . .	»	72	1	»	2	»
Hauteur du milieu du dos sous le ventre.	»	63	1	»	»	2
Longueur du sommet du garrot au grassel.	»	94	1	1	1	1
Longueur de la pointe des hanches au coude. . . .	»	93	1	1	2	»
Longueur de la pointe des hanches à la pointe des fesses	»	55	»	2	2	1
Hauteur du sommet de la croupe au grassel. . . .	»	54	»	2	2	1
Longueur du grand axe de la cuisse.	»	33	»	2	1	»
Longueur du grand axe de la jambe	»	59	1	»	»	»
Longueur du jarret, de la pointe aux péronnés. . .	»	15	»	»	2	1
Longueur du canon, du milieu du jarret au milieu du boulet.	»	43	»	1	2	1
Longueur du paturon postérieur.	»	13	»	»	2	»
Largeur de l'encolure à son attache avec la tête.	»	29	»	1	1	1
Largeur de l'encolure à sa sortie du poitrail . . .	»	50	»	2	1	2
Largeur de la partie supérieure et antérieure de l'avant-bras au coude	»	23	»	1	»	1
Largeur du genou, à hauteur du suscarpien . . .	»	11	»	»	1	2
Largeur du milieu du canon	»	9	»	»	1	1
Largeur des boulets	»	10	»	»	1	2
Largeur de la cuisse au-dessus du grassel . . .	»	38	»	2	»	»

DÉSIGNATION DES DIVERSES PARTIES DU CORPS.	Mètre.	Centim.	Têtes.	Primes.	Secondes.	Points.
Largeur du jarret, du pli à la pointe	»	15	»	»	2	1
Largeur du milieu des canons	»	10	»	»	1	2
Largeur des boulets.	»	11	»	»	1	2
Largeur de la tête, d'un œil à l'autre.	»	19	»	1	»	»
Largeur du poitrail, d'une pointe d'épaule à l'autre.	»	29	»	1	1	1
Épaisseur de l'avant-bras.	»	12	»	»	1	2
Épaisseur du genou	»	11	»	»	1	2
Épaisseur du boulet	»	9	»	»	1	1
Largeur des hanches.	»	59	1	»	»	»
Largeur du corps à son plus grand diamètre horizontal.	»	63	1	»	1	»
Largeur des cuisses à hauteur des grassets	»	59	1	»	»	»
Épaisseur du mollet	»	20	»	1	»	»
Épaisseur du jarret.	»	17	»	»	2	2
Épaisseur du boulet	»	10	»	»	1	2
Longueur de la base de sustentation, de la pince des pieds antérieurs aux talons des pieds postérieurs. .	1	25	2	»	1	»
Largeur de la base de sustentation, du bord externe des pieds.	»	40	»	2	»	»
Écartement des membres.	»	15	»	»	2	1

EXAMEN DES PROPORTIONS.

Le corps du cheval, vu de profil, doit être renfermé dans un carré parfait ; c'est-à-dire, que sa hauteur, prise du sommet du garrot à terre, doit être égale à sa longueur mesurée de la pointe des épaules à la pointe des fesses. Ces dimensions doivent comprendre 2 longueurs de tête et 2/3 (2 têtes 2 primes). Dans cette condition, la longueur des membres sera proportionnée à la hauteur et à la longueur du corps, et la progression s'exécutera d'une manière facile et régulière.

Ces dimensions peuvent se trouver proportionnellement trop courtes ou trop longues, ou, autrement dit, pécher par excès ou par défaut de longueur.

Lorsque le cheval pèche par excès de longueur, les membres, proportionnellement trop courts, ne peuvent pas embrasser des espaces assez grands ; leur éloignement ne leur permet pas de concourir aussi puissamment à la progression. Le dos, trop long, ploie sous le poids du cavalier. Il y a fatigue incessante dans la colonne dorso-lombaire ; car les muscles de cette région, trop longtemps contractés, ne tardent pas à se relâcher et à tomber dans un état d'inertie qui met le cheval dans l'impossibilité de continuer son travail.

La faiblesse du dos peut quelquefois être suppléée par la force des muscles qui le soutiennent. Mais si ces chevaux sont capables de trotter régulièrement et même assez vite, le galop leur est difficile et pénible, parce que l'avant-main, pesant à l'extrémité d'un levier très-long, ne peut être relevée facilement sur l'arrière-main.

Si le cheval pèche par brièveté ou défaut de longueur, le dos et le rein seront plus forts. Les membres, proportionnellement trop longs, se rencontreront pendant la progression, les extrémités postérieures ne trouvant pas la place de se loger sous le corps. Les allures perdront de leur vitesse. L'excès ou le défaut de hauteur présente les mêmes inconvénients que le défaut ou l'excès de longueur ; sauf que la force de la colonne vertébrale se trouve moins avantagée ou moins diminuée que dans les deux cas précédents.

Il est des chevaux qui paraissent trop courts ou trop longs, sans que pour cela il y ait disproportion entre la hauteur et la longueur du corps. Ces particularités de conformation proviennent alors, ou d'une grande hauteur de poitrine et de la région abdominale, ou de la conformation opposée.

Le premier cas n'est point un excès ; car une poitrine vaste, spacieuse, ne peut que donner plus d'haleine au cheval, et faciliter l'accomplissement des principaux actes de la vie. De plus, la longueur de l'épaule étant presque toujours en raison de la profondeur de la poitrine, les arcs de cercle parcourus par les rayons supérieurs seront plus considérables, et conséquemment les mouvements plus étendus. Du reste, les chevaux *près de terre* sont ordinairement très-puissants dans leur arrière-main ; ce qui leur permet d'enlever leur avant-main, quoique lourde, avec tout autant de facilité.

La conformation opposée rend les chevaux chez lesquels *il*

passe trop d'air sous le ventre, incapables d'un service long et
soutenu.

La longueur de la tête sera des 5/8 de la hauteur du corps prise
du sommet du garrot à terre. Sa largeur entre les deux yeux
sera de 1/3 de sa longueur. Elle devra être sèche. Les ganaches
seront développées et écartées l'une de l'autre afin de pouvoir
loger facilement le gosier ; elles ne seront pas chargées de chair.
Le chanfrein sera droit, depuis le toupet jusqu'aux naseaux, qui
seront bien ouverts. La machoire mobile ira en diminuant insensiblement jusqu'au menton, le bout du nez sera petit; les lèvres
souples, et la bouche médiocrement fendue.

Une tête petite n'est jamais un défaut. Le devant n'en est que
plus léger et plus gracieux.

Une tête trop longue et trop grosse surcharge l'avant-main et
prive le cheval de sa grâce naturelle ; elle alourdit les allures et
s'oppose à la facilité du saut. Si en outre les mâchoires sont chargées de muscles volumineux, le placer de la tête et le liant de
la bouche deviennent difficiles à obtenir.

L'encolure aura une longueur de plus d'une tête dans son
grand axe, et de la nuque au garrot une tête et près de 2/3. Sa
largeur à son point d'attache avec la tête sera de un peu moins
de 1/3 de la longueur de la tête, et à sa sortie du poitrail des 5/6.
L'encolure doit être mince à son bord supérieur et augmenter
insensiblement d'épaisseur jusqu'à son 1/4 inférieur qui sera
plus développé (mortoïdo-huméral). Sa ligne de dessous et celle
du sommet seront sensiblement rectilignes. Chez les chevaux
entiers, la ligne de dessus ne doit pas être trop courbée en arc.
Chez les juments et les chevaux hongres, elle offrira une légère
inflexion en avant du garrot (coup de hache).

L'encolure pourrait pécher par excès de longueur, si cette conformation ne se rencontrait pas toujours avec une tête petite, ce
qui constitue une qualité et une beauté à rechercher dans le cheval de selle. L'encolure longue est toujours souple, liante et cède
facilement aux actions de la main, de sorte que l'inconvénient
de surcharger l'avant-main par la position avancée qu'elle donne
à la tête, disparaît dans les allures raccourcies et devient un

avantage dans les allures rapides. De plus, avec une encolure longue et bien construite, les mouvements de l'épaule sont plus étendus, par suite de la plus grande puissance des muscles (releveurs de l'épaule) qui s'insèrent sur elle.

L'encolure trop courte présente des conséquences tout opposées. Elle ne peut pas contribuer aussi puissamment au ralentissement et à l'accélération des allures. Elle est très-souvent ou massive, ou fausse, ou mal sortie, ou mal attachée.

Lorsque l'encolure est trop large et trop épaisse à son point de réunion avec la tête, défaut qui accompagne presque toujours celui des ganaches volumineuses, le ramener devient difficile. Le placer de la tête s'obtient, dans ce cas, en pliant l'encolure dans son milieu.

Lorsqu'elle est massive dans toute sa longueur et qu'elle semble se confondre avec les épaules, les inconvénients que nous venons de signaler sont aggravés.

Le garrot sera bien sorti, sec et élevé au-dessus de la ligne du dos et du rein de l'épaisseur du boulet.

La longueur du sommet du garrot, en ligne horizontale, jusqu'au niveau des hanches, sera de un peu plus d'une tête.

Le sommet de la croupe devra suivre à peu près la ligne du dos et du rein, mais de manière cependant que l'attache de la queue soit un peu plus basse que la partie qui avoisine le rein. Le contraire ne se remarque que chez les chevaux faibles du dos et du rein, qui s'ensellent, s'affaissent sous le poids du cavalier, ce qui fait relever la partie postérieure de la croupe et des hanches et donne au cheval un cachet anglais par lequel il ne faut pas se laisser tromper.

La longueur de la pointe des hanches à la pointe des fesses sera de près d'une tête. Les hanches trop courtes ne fournissent pas un point d'appui assez favorable aux muscles de la cuisse et de la jambe. La direction de la puissance se rapproche trop de la parallèle au bras de levier.

Le corps du cheval, vu de profil, devra comprendre, du sommet du garrot à l'inter-ars, une longueur de tête plus 1/5 (1 tête 2 secondes 1 point), du milieu du dos sous le ventre plus d'une

2.

tête (1 tête 1 point), et du sommet de la croupe au grasset un peu moins d'une tête (2 primes 2 secondes 1 point). Nous avons vu, au commencement du chapitre, les avantages et les inconvénients qui résultent de l'excès ou du défaut de hauteur de ces parties.

La ligne du dessous du tronc devra, le plus possible, être parallèle à celle du dessus et ne pas se relever trop tôt ni trop brusquement.

La longueur de l'épaule, du sommet du garrot à sa pointe, sera de plus d'une tête (1 tête 1 seconde), et l'épaule elle-même aura une longueur de tête. Elle sera inclinée à 38° environ sur la verticale (1).

La longueur du bras, de la pointe de l'épaule au coude, sera de 2 primes 1 point. Il formera avec l'épaule un angle de à peu près 100°.

L'épaule et le bras ne seront jamais trop longs, puisque c'est de la somme des arcs de cercle qu'ils parcourent, que dépend l'étendue des mouvements des membres antérieurs.

Les rayons intermédiaires devront suivre la verticale à partir du bras jusqu'au boulet. L'avant-bras sera bien musclé à sa partie supérieure et externe, et sec et tendineux au-dessus du genou. Il y aura, du coude au suscarpien, une longueur de 2 primes 1 point.

Du suscarpien à terre, la distance sera de 2 primes 1 seconde 1 point. Cette dernière longueur est toujours en raison inverse de celle de l'avant-bras. Plus elle sera brève, plus l'arc de cercle décrit par le genou sera grand, et la région digitée, qui reste fléchie généralement jusqu'à la fin du soutien, se trouvera portée plus en avant.

Réciproquement, le trop de longueur du canon sera défavorable aux allures. Les cordes tendineuses devront être fortes, résistan-

---

(1) Il a été écrit et professé que l'épaule devait être inclinée à 45° sur la verticale, et que le bras devait former avec elle un angle droit. J'ai vu une jument coureuse dont les angles articulaires supérieurs étaient presque aussi ouverts que ceux des levriers et qui ne le cédait en rien aux chevaux qui ont lutté avec elle.

les, et l'étranglement que l'on remarque au-dessous du genou ne devra pas être trop considérable (tendon failli).

Le boulet sera large, vu de profil, ce qui assurera l'écartement des tendons fléchisseurs du pied et rendra leur insertion plus favorable à la puissance.

Le paturon quittera la verticale sous un angle de 45°. Sa longueur ne devra pas être de plus de 2 secondes. Trop long, le paturon perd de sa résistance ; trop court, il a plus de force mais moins d'élasticité.

La puissance locomotrice réside particulièrement dans l'arrière-main ; aussi les muscles de cette partie sont-ils très-nombreux et très-volumineux. Tout est organisé en faveur de la puissance dans cette région, néanmoins sans préjudice pour la vitesse : puissance musculaire très-grande ; direction de la force de la puissance perpendiculaire ou presque perpendiculaire aux bras de levier.

On ne doit donc pas s'étonner de la brièveté de la cuisse, dont la longueur est de 2/3 de tête (2 primes 1 seconde).

La cuisse forme avec le coxal un angle de 75 à 80 degrés tout au plus, et non un angle droit.

Les muscles de la fesse (ischiaux tibiaux) devront être longs et s'insérer très-bas sur la jambe.

La longueur de la jambe sera d'une tête et formera avec la cuisse un angle de 105 à 110°.

La partie musculeuse des bi-femoro-calcaniens, qui constitue le mollet, sera développée, et la partie tendineuse qui se rend au sommet du calcanéum (tendon d'Achille) sera forte et résistante.

Le jarret sera large (2 secondes 1 point) et le calcanéum long (2 secondes 1 point) ; il formera avec le tibia un angle de 40 à 45°.

La longueur du calcanéum assure la force du jarret, car il représente le bras de sa puissance.

Le canon postérieur doit être un peu oblique à la verticale et doit former avec la jambe un angle de 135 à 140°. Sa longueur sera de 2 primes et 2 points, mesurée du milieu du jarret au milieu du boulet.

Le degré d'écartement de la pointe du jarret dépend de l'inclinaison mutuelle de la jambe et du canon. Trop ouvert (coudé), il favorise l'enlever des allures aux dépens de leur vitesse. Trop fermé (droit), il produit l'effet contraire.

La longueur de la jambe et celle du canon sont en raison inverse l'une de l'autre. Plus la jambe sera longue, plus le jarret sera rapproché de terre, et l'espace embrassé à chaque déploiement des membres sera plus grand.

Le canon postérieur doit être un peu plus long que l'antérieur, et aussi plus large, et ses cordes tendineuses exactement parallèles aux os, depuis le jarret jusqu'au boulet.

Le paturon sera de même longueur que celui des membres antérieurs, et de même inclinaison sur la verticale.

Vu par devant, le poitrail offrira en largeur, d'une pointe d'épaule à l'autre, 1 prime 1 seconde 1 point.

(*Voir pour cette partie les chevaux trop ouverts ou trop serrés du devant*, Chapitre APLOMBS.)

L'avant-bras sera épais à sa partie supérieure (1 seconde 2 points); le genou sera large (1 seconde 2 points), ainsi que le boulet (1 seconde 1 point), de sorte que le canon paraîtra étranglé.

Vue par derrière, la largeur des hanches et celle des deux cuisses, à hauteur des jarrets, comprendra une longueur de tête. Le plus grand diamètre du ventre débordera un peu ces deux parties.

Les hanches larges donnent de la force à l'arrière-main, par suite de la direction plus favorable des muscles sur les leviers ; les muscles eux-mêmes sont alors plus développés et plus puissants. Le cheval relève aisément l'avant-main sur le derrière dans les allures raccourcies et dans les sauts : aux allures rapides, la détente est plus vigoureuse et capable d'imprimer une plus grande vitesse.

L'épaisseur du mollet est à rechercher, parce que les muscles qui le composent sont ceux qui produisent les détentes du jarret (bifémoro-calcaniens).

Le jarret doit aussi être épais, ainsi que le boulet.

La longueur de la base de sustentation sera de 2 têtes 1 seconde, et sa largeur de 2 secondes et 1 point.

Le dos, le rein, la croupe, les hanches, les fesses, les jarrets, constituent une série de centres d'action, qui, liés parfaitement les uns aux autres, produisent les bonnes allures ; car
l'action des membres antérieurs est presque entièrement bornée
à étayer la masse et à la relever dans la progression.; leur force
impulsive est très-minime.

C'est de la vigueur de ces diverses parties que dépend presque
toute la bonté du cheval. Avec une avant-main belle et puissante
et capable de mouvements étendus, le cheval exécutera mal ses
allures, si l'arrière-main et particulièrement le rein, centre des
actions, ne satisfait pas aux conditions que nous venons d'indiquer. Un cheval paralysé du devant pourrait encore se déplacer à l'aide de son rein ; mais si cette partie était frappée d'im-
puissance, l'animal serait pour ainsi dire condamné à l'immobilité.

Telles sont les proportions et les mesures auxquelles doivent
satisfaire les chevaux actuels. Plus elles se rapprocheront de celles
du cheval que nous avons pris pour type, plus les qualités physiques seront éminentes, et le service qu'on pourra obtenir sera
beaucoup plus long et plus considérable.

Mais il est d'autres qualités qui contribuent puissamment aux
facultés du cheval et qui peuvent quelquefois racheter les défauts
physiques : ce sont les qualités de fonds, d'haleine, de résistance
et de vitesse, que l'on désigne par l'épithète de qualités morales,
et qui sont toujours l'apanage des races nobles et anciennes.

Les qualités morales, avons-nous dit, peuvent racheter les
défauts physiques ; mais cela ne peut avoir lieu que jusqu'à un
certain point ; les unes n'excluent point les autres ; et l'on peut
établir que de deux chevaux, toutes choses égales d'ailleurs,
celui qui sera le mieux conformé sera supérieur.

CHAPITRE IV.

PRINCIPES DE PHYSIQUE APPLICABLES A LA LOCOMOTION

Ce chapitre aurait dû peut-être occuper la première place dans ce traité, car nous avons déjà assez souvent parlé de centre de gravité d'équilibre. Nous avons préféré le reporter ici ; les principes qu'il traite, devant servir de point de départ aux études dont nous allons nous occuper.

Tous les corps situés à la surface de la terre tendent à se rapprocher de son centre en vertu d'une force que l'on appelle *pesanteur*.

Cette attraction, qui est en raison du volume des corps sur lesquels elle s'exerce, agit également sur chacune de leurs molécules, qui peuvent être considérées comme attirées, sollicitées, par un nombre de forces égales. Toutes ces forces vont réellement se croiser, au centre de la terre ; mais comme le volume des corps que nous pouvons soumettre à nos expériences est infiniment petit, relativement à celui du globe terrestre, les forces partielles qui agissent sur chaque molécule, ne se rencontrant qu'à une distance considérable, peuvent être considérées comme exactement *parallèles*.

Si on compose en une seule toutes les forces partielles, la résultante de leur somme est alors représentée par une force unique, qui part d'un point variable suivant la nature et la structure des corps, et que l'on nomme *centre des forces parallèles*, ou *centre de gravité*.

Dans les corps solides, homogènes et de forme régulière, le centre de gravité se trouve toujours à leur point milieu appelé *centre de figure*.

Dans les corps hétérogènes, irréguliers, le centre de gravité se rapproche du côté qui offre le plus de densité, et se trouve plus ou moins éloigné du centre de figure. Une expérience très-simple nous donnera le moyen de le rencontrer, du moins dans un corps de peu volume.

Si au moyen d'un fil on suspend un corps hétérogène dont une moitié serait de plomb, par exemple, et l'autre de bois, lorsqu'il sera en repos, la prolongation idéale du fil à travers le corps examiné, nous donnera une verticale dirigée vers le centre du globe terrestre et sur un point de laquelle se trouve le centre de gravité. En suspendant de nouveau le corps par un autre point, on aura une nouvelle ligne qui coupera la première. Le point d'intersection de ces deux lignes sera précisément celui du centre de gravité.

La résultante des différentes lignes qui se croisent au centre de gravité, a reçu le nom de *ligne de gravitation*.

On peut donc définir le centre de gravité, *le point par lequel un corps étant suspendu tiendrait en équilibre tous les points qui l'environnent.*

La force de la pesanteur s'exerce d'une manière continue sur les corps qu'elle attire, mais elle se trouve contre-balancée par la résistance que le sol lui oppose en arrêtant leur chute; il y a alors *équilibre*.

Pour qu'un corps se maintienne en équilibre, il faut absolument qu'il satisfasse à l'une des trois conditions suivantes :

1° Que le centre de gravité soit suspendu par une force égale à celle de la pesanteur ;

2° Que le point qui touche le sol soit exactement celui par lequel passe la ligne de gravitation ;

3° Que, si le corps touche le sol par plusieurs points, la ligne de gravitation ne soit pas en dehors de l'espace compris entre les droites qui relient ces points entr'eux.

L'espace compris entre les points par lesquels un corps repose sur le sol, est appelé *base de sustentation*.

Plus la base de sustentation sera grande, plus l'équilibre sera *stable*.

La stabilité sera encore d'autant plus augmentée que le centre de gravité sera plus bas et plus rapproché du point central de la base de sustentation.

Réciproquement, l'équilibre sera d'autant plus instable que ces conditions seront plus opposées. La masse sera plus disposée à rouler.

CENTRE DE GRAVITÉ DU CHEVAL.

Il est très-difficile d'indiquer précisément le point où se trouve le centre de gravité du cheval, non-seulement à cause de la diversité de ses formes, mais aussi parce que ce point varie, suivant la vacuité ou la plénitude de l'estomac et des intestins, et par l'oscillation continuelle à laquelle sont soumis les appareils 'respiratoires et digestifs ainsi que les parois des grandes cavités qui les renferment.

Laissant de côté toutes les causes qui peuvent faire varier le point que nous cherchons, et considérant le corps du cheval comme une machine inerte, en repos sur ses quatre supports, nous pourrons établir, d'après les expériences de MM. le lieutenant-général Morris et Baucher, que le centre de gravité du cheval se trouve un peu au-dessous du grand axe du tronc, sur la verticale qui tombe entre les deux tiers antérieurs de la base de sustentation.

La ligne de gravitation ne passe donc pas près du centre du quadrilatère formé par la base de sustentation, comme l'indique Borelli (*linea propensionis ex centro gravitatis equi cadit perpendiculariter.... propè centrum quadrilateri et ideò stratio animalis firmissima consurgit*) (1).

En effet, si nous examinons attentivement la répartition de la masse, nous verrons que l'avant-main comprend une réunion d'os considérable, dont le poids est plus grand que celui des os de l'arrière-main, et que la tête, placée à l'extrémité d'un bras de levier très-long, amène une très-grande surcharge de son côté. Mais la masse intestinale et les muscles volumineux des parties postérieures rétablissent un peu l'équilibre.

Le poids du corps n'est donc pas réparti également sur les

(1) *De motu animalium.*

quatre jambes du cheval, comme on dit souvent, mais régulièrement, ainsi que l'observe M. F. Lecoq (1), c'est-à-dire, que
les bipèdes latéraux et diagonaux supportent un poids égal pendant la station forcée, mais que le bipède antérieur a beaucoup
plus à soutenir que le postérieur.

Les expériences faites à ce sujet par MM. Morris et Baucher,
sur une jument sellée et bridée, qu'ils placèrent sur les plateaux
de deux balances de proportions, de même force, prouvent clai-
rement ce qui vient d'être avancé. Nous laisserons parler M. le
lieutenant-général Morris lui-même :

« Les balances, abandonnées au poids de la jument, tenue dans
un état complet d'immobilité, nous donnèrent les résultats suivants, en conservant la tête plutôt basse qu'élevée :

Avant-main.	Arrière-main.	Poids total.	Différence en plus sur l'avant-main.
210 kil.	174	384	36

» Il s'était établi une fluctuation de 3 à 5 k. qui se fixaient
alternativement sur l'avant et sur l'arrière-main, par suite des
mouvements produits sur les viscères par la respiration.

» Nous fîmes baisser la tête de manière que le bout du nez se
trouvât à hauteur du poitrail. Le mouvement achevé et l'immobilité obtenue dans cette position, l'avant-main se chargea de
8 k. dont l'arrière-main fut allégée :

218	166	384	52

» La tête relevée ensuite, jusqu'à ce que le bout du nez fût à
la hauteur du garrot, avec les mêmes précautions pour l'immobilité, l'avant-main rejeta 10 k. de son poids sur l'arrière-main,
et les extrémités s'équilibrèrent avec les différences de poids
suivantes :

208	176	384	32

» La tête étant revenue à sa position première, on la ramena
sur l'encolure par l'action du filet en l'élevant un peu ; alors elle
rejeta sur l'arrière-main une partie de son poids égale à 8 kilos,
nous donna :

200	184	384	16

(1) Traité d'extérieur du cheval et des principaux animaux domestiques.

» Résultats qui prouvent évidemment que plus la tête est élevée, si ce n'est naturellement du moins par l'action de la main, plus son poids et celui de l'encolure sont également répartis sur les extrémités, si toutefois la position n'est pas forcée.

» Après ces expériences, M. Baucher monta la jument, les deux plateaux s'équilibrèrent avec les poids suivants :

251	197	448	54

» Le cavalier, placé dans une position académique, avait donc distribué son poids de 64 kil. de cette manière :

» 41 kilos sur l'avant-main et 23 sur l'arrière-main.

» S'étant assis davantage en portant le haut du corps en arrière, M. Baucher fit passer 10 kil. de plus sur l'arrière-main ; puis, ramenant la tête du cheval suivant sa méthode, il surchargea encore l'arrière-main d'un poids de 8 kil., total 18 kilos. Dans cette position nous eûmes :

233	215	448	18

» En se portant entièrement sur les étriers, le poids de l'avant-main se trouva surchargé de 12 kilos (1). »

On voit donc que dans toutes les positions données au cheval pendant ces expériences, toujours l'avant-main fut plus pesante que l'arrière-main. Evidemment le centre de gravité se trouve placé beaucoup plus près des extrémités antérieures que des postérieures, et l'opinion déjà formulée sur cette question se trouve confirmée.

(1) *Journal des Haras*, t. 15. — Juin 1835. — P. 153.

CHAPITRE V.

MÉCANISME DE L'APPAREIL LOCOMOTEUR.

Nous avons étudié précédemment la construction de l'appareil locomoteur et le mode suivant lequel sont articulées les pièces qui jouent le plus grand rôle dans la locomotion. Il nous reste à voir maintenant de quelle manière les muscles agissent sur la charpente pour la déplacer et produire les mouvements.

Toutes les pièces qui composent la machine animale forment une assemblage de leviers mis en jeu par la puissance musculaire.

Avant d'entrer dans cette nouvelle partie de nos études, nous croyons utile d'exposer succinctement la théorie du levier et d'en indiquer les propriétés.

THÉORIE DU LEVIER.

Le levier est une machine simple sur laquelle agissent deux forces, que l'on appelle *puissance* et *résistance*, et qui tendent à se vaincre au moyen *d'un point d'appui*.

La construction et les actions du levier offrent des combinaisons nombreuses qui se réduisent à trois genres.

Nous prendrons pour exemple l'instrument le plus simple et le plus commun, la *pince à remuer les blocs*.

Si on engage la pince sous une masse quelconque, et qu'ensuite on la soulève en pesant de haut en bas et prenant un point d'appui sur une petite pierre placée sous la pince, près du corps à soulever, on aura un levier du premier genre, *interfixe*. L'effort que l'homme exercera sur l'extrémité libre de la pince constituera la puissance ; la résistance sera représentée par le corps à soulever, et la pierre placée sous la pince sera le point d'appui sur lequel les deux forces se seront combattues.

Si, au contraire, en engage beaucoup la pince sous la masse à soulever et que l'on fasse effort sous elle, en soulevant l'extré-

mité libre de la pince, la combinaison sera changée : on aura
un levier du deuxième genre, *inter-résistant*. Le point d'appui
se trouvera à l'extrémité de la pince, sur le sol ; la puissance à
l'extrémité opposée, et la résistance entre le point d'appui et la
puissance.

Enfin, si on fixe l'extrémité libre de la pince contre une cuisse à
l'aide d'une main et qu'en suite avec l'autre main, avancée, on fasse
effort de bas en haut, on aura un levier du troisième genre,
inter-puissant. La résistance sera à l'extrémité de la pince engagée sous le bloc, le point d'appui à l'autre extrémité, et la puissance sera représentée par la main qui s'est portée en avant.

On appelle *bras de levier de la puissance*, la distance qui existe
entre le point sur lequel la puissance s'applique et le point d'appui, et *bras de levier de la résistance* l'espace compris entre le
point d'appui et le point sur lequel pèse la force à vaincre.

L'action du levier varie suivant la position des trois éléments
qui le constituent, d'où il résulte que l'on peut établir :

Que l'intensité de la puissance sera d'autant plus grande que
son bras de levier sera plus long et celui de la résistance proportionnellement plus court. Et réciproquement, la force de la
résistance sera d'autant plus grande que son bras de levier sera
plus long et celui de la puissance proportionnellement plus
court ; en sorte que celle-ci pourra être diminuée, équilibrée
et même devenir impuissante. En résumé :

La puissance et la résistance sont en raison inverse de leurs
bras ou des perpendiculaires menées du point d'appui sur leur
direction.

A mesure que la force de la puissance perd de son intensité,
par le raccourcissement de son bras, dans un même levier, elle
acquiert la propriété de faire parcourir, dans un temps donné,
des cercles plus grands à l'extrémité du bras de levier de la
résistance pendant que la sienne en parcourt proportionnellement
de plus petits. Aussi dans l'appareil locomoteur du cheval,
tous les leviers qui doivent exécuter des mouvements rapides
et étendus, présentent-ils leur puissance très-près du point
d'appui.

L'action du levier peut encore varier suivant l'intensité des forces, et suivant le degré d'inclinaison de ces mêmes forces relativement aux bras du levier.

La direction la plus favorable à la puissance est celle qui se trouve selon la perpendiculaire menée sur le bras de levier. Si elle s'écarte de cette ligne, il y a décomposition de force, car une partie est employée à attirer ou à repousser le point fixe.

Nous venons de faire remarquer que la puissance exerce sa force près du point d'appui, dans les leviers de la machine animale, et que par cela même elle perd une partie de son intensité; à ce désavantage vient s'en ajouter un second, l'obliquité très-grande de l'action de la puissance par rapport à son bras. Mais ici, c'est encore dans un but utile que la nature en a ordonné ainsi. L'insertion presque parallèle des muscles sur les os rend les parties moins volumineuses, plus légères, plus dégagées, et le désavantage de la puissance se trouve compensé par la multiplicité des fibres musculaires.

LEVIERS DE L'APPAREIL LOCOMOTEUR.

Le levier du premier genre se rencontre presque dans tous les mouvements d'extension.

Lorsque la tête s'étend sur l'atlas, cette première vertèbre représente le point d'appui; la résistance se trouve à la partie antérieure de la tête, et la puissance est représentée principalement par le muscle dorso-occipital.

L'avant-bras sur le bras, le fémur sur le coxal, le canon postérieur sur le jarret, lorsque le membre ne pose pas à terre, opèrent leur extension par un levier du premier genre.

Le levier du second genre se rencontre principalement dans les régions des membres qui réclament beaucoup de force, lorsque le corps repose ou chemine sur elles. Aussi les os qui constituent ces leviers sont-ils pourvus d'un prolongement ou d'os auxiliaires qui favorisent l'action de la puissance, laquelle s'exerce presque perpendiculairement sur eux.

Le jarret du cheval en est un exemple remarquable dans son

extension, lorsque le membre est à terre. La résistance se trouve au tibia, la puissance réside dans l'action des muscles bifémoro-calcaniens, qui se passe sur la tête du calcanéum, et le point d'appui est au sol.

L'avant-bras sur le bras, le fémur sur le coxal et l'action des fléchisseurs du doigt sur le boulet, lorsque le membre est à l'appui, se meuvent par un levier du deuxième genre.

Le levier du troisième genre, ayant toujours, dans la machine animale, sa puissance très-rapprochée du point d'appui, est beaucoup plus favorable à la vitesse qu'à la force. Aussi le trouve-t-on principalement dans la flexion des membres. La résistance n'est constituée dans ce cas que par le poids des rayons à déplacer.

Dans la flexion du jarret, le point d'appui existe à l'articulation tibio-tarsienne; la résistance à la partie inférieure du membre, et la puissance au point d'insertion du muscle tibio-pre-méta-tarsien.

La mâchoire mobile, dans son action sur les aliments, agit par un levier du troisième genre.

L'extension du bras sur l'épaule, lorsque le membre est en l'air, et l'ouverture de leur angle articulaire, qui est opérée par la pression de la portion tendineuse du coroco-cubital sur le sommet de l'angle, présente le même genre de levier.

Toutes les flexions de la colonne vertébrale subissent la même loi.

Les mouvements de flexion et d'extension des membres ont lieu successivement, mais avec une telle rapidité qu'au premier aperçu on pourrait croire qu'ils sont simultanés. Ainsi, dans les membres antérieurs, la flexion de la région digitée, lorsque le membre se porte en avant, a lieu avant celle du genou, et ainsi des charnières supérieures. L'extension commence ensuite en sens inverse. L'épaule se relève et le membre, encore fléchi, est porté en avant; mais lorsque la partie inférieure de l'épaule est près d'arriver à la fin de sa course, le bras s'étend à son tour et, presqu'en même temps, toute la région inférieure du membre est rapidement déployée par l'action successive des extenseurs.

Les membres abdominaux s'étendent et se raccourcissent suivant un mécanisme analogue. Leur flexion a lieu simultanément ou suit de très-près la flexion des membres antérieurs, dans les combinaisons latérales. Mais comme les angles articulaires des membres antérieurs et postérieurs sont opposés les uns aux autres, il arrive, dans l'exécution des allures, que ces mêmes membres latéraux s'écartent ou se rapprochent plus ou moins les uns des autres.

Dans les combinaisons diagonales, la flexion des membres postérieurs a lieu en même temps ou suit de très-près l'extension des membres antérieurs, selon l'allure, de sorte que leur transport s'effectue dans le même sens. Cela tient à ce que les allures naturelles, régulières, s'opèrent toujours en diagonale, comme nous le verrons dans la théorie qui va suivre.

CHAPITRE VI.

CAUSES DU MOUVEMENT.

L'action que les muscles opèrent sur les divers leviers du squelette détermine les déplacements de la masse, et, selon le degré d'instabilité de l'équilibre, le cheval est obligé de prendre des attitudes qui rendent l'aplomb irrégulier ou tellement faussé, que le secours des membres devient nécessaire pour empêcher la chute dont le corps est menacé par la répartition nouvelle de son poids : alors commence le mouvement.

Les causes du mouvement sont donc en premier lieu *l'action musculaire*, et ensuite *le poids de la masse*.

Le poids du corps peut se combiner avec l'action musculaire, de manière à la favoriser dans la production du mouvement ou la contrarier au point de la rendre tout à fait impuissante, abstraction faite de la volonté de l'animal. Un exemple suffira pour démontrer la vérité de cette assertion :

Qu'un cheval, que nous supposerons docile aux aides, veuille ruer, le mouvement lui sera impossible, si le cavalier fait refluer le poids de la masse sur l'arrière-main.

Il faut donc, pour empêcher les mouvements, charger les extrémités qui doivent être mobilisées, de manière à les fixer sur le sol. Et réciproquement, si on veut les faire naître ou les développer, il sera indispensable d'alléger les membres qui doivent les entamer.

CHAPITRE VII.

DU RAPPORT DES MOUVEMENTS ENTRE L'AVANT ET L'ARRIÈRE-MAIN. LA SIMILITUDE DES ANGLES N'EXISTE PAS.

La théorie de la similitude des angles, publiée par M. le lieutenant - général Morris, ne manque pas d'un certain intérêt, si on l'envisage au point de vue purement mécanique : c'est une conception heureuse et séduisante au premier abord, mais dont la justesse n'est pas rigoureusement exacte lorsqu'on l'applique à l'organisation mécanique des chevaux actuels. Peut-être que cette théorie était juste à l'époque où elle fut établie; mais, comme les mesures de proportions de Bourgelat, elle ne saurait plus satisfaire à l'appréciation des chevaux d'aujourd'hui.

Nous avons déjà vu, en effet, que les angles articulaires opposés de l'avant et de l'arrière-train ne sont pas exactement égaux, et que le chemin parcouru par les extrémités postérieures est beaucoup plus considérable que celui des antérieures, si on considère le jeu du membre en lui-même.

D'abord, l'angle formé par l'épaule et le bras, regardé partout comme un angle droit, est toujours plus ouvert chez les chevaux bien conformés; il est à peu près de 100°. A partir du bras, le membre suit une direction sensiblement verticale jusqu'au boulet, d'où il se dirige en avant sous un angle de 45° environ.

Dans les membres postérieurs, les angles articulaires sont plus nombreux et ne forment pas des angles droits. La cuisse et le coxal sont réunis sous un angle de 75 à 80° tout au plus, et l'angle résultant de la réunion de la jambe et de la cuisse comprend de 105 à 110°. Leur somme équivaut à deux angles droits 180°. Le paturon suit la même direction, à peu près, que celui des membres antérieurs.

3.

Nous trouvons donc une dissemblance dans les angles articulaires de l'avant et de l'arrière-main, et dans les membres abdominaux une suite d'inclinaisons plus nombreuses que dans les membres thoraciques, ce qui leur permet, pendant l'extension, de faire parcourir à leur extrémité des arcs de cercle beaucoup plus grands.

Si maintenant on considère l'ensemble des directions que suivent les rayons articulaires, on voit très-bien que le parallélisme entr'elles n'existe pas. En effet, les directions de la tête, de l'épaule, de la cuisse et des paturons ne sont pas exactement parallèles, car autrement ces divers rayons auraient tous la même inclinaison, et nous avons vu précédemment qu'il n'en est pas ainsi.

Les directions de l'encolure, du bras, du coxal et de la jambe sont loin d'être identiques et ne sauraient se rencontrer à angle droit avec celles que nous venons d'examiner, car nous avons vu que les angles articulaires de l'avant et de l'arrière-main ne sont pas de même ouverture.

Il faut donc chercher ailleurs la compensation de l'étendue du mouvement des membres antérieurs, puisque nous ne la trouvons pas dans leur construction propre, ni dans le rapport des angles : et ce n'est que dans le jeu dont l'épaule jouit sur le tronc que nous pourrons la trouver.

Si on examine, à l'allure du pas, un cheval dont les épaules ont peu de mouvement (épaules froides, épaules chevillées), on remarque bientôt que la difficulté qu'il éprouve à suivre les autres chevaux ne réside que dans la partie vicieuse : celle-ci, ne pouvant beaucoup s'étendre pour embrasser le terrain, oblige nécessairement le train postérieur à modérer et à régler ses actions en conséquence. Si, au contraire, les épaules jouissent de la faculté de s'étendre beaucoup pour embrasser l'espace, l'arrière-main pourra fonctionner avec toute l'énergie dont elle est capable, et le pas sera plus allongé. Il y aura égalité de terrain embrassé par l'un et l'autre bipède.

Il en est de même à toutes les allures, ainsi que nous le verrons plus loin.

Quant au désaccord ou au manque d'harmonie dans les allures, nous croyons que la cause en existe dans le manque de force du rein, centre des actions de l'appareil locomoteur. Ne rencontre-t-on pas une foule de chevaux, mal conformés d'ailleurs, qui exécutent leurs allures régulièrement, et dont l'impression n'est nullement désagréable à l'assiette? Ils sont loin cependant de satisfaire à la loi de la similitude des angles, mais ils ont un bon rein.

La force du rein est donc la cause efficiente de la régularité des mouvements, et la liberté des épaules, celle de leur étendue (1).

(1) Il existe deux moyens de vérifier l'ouverture des angles articulaires supérieurs des membres : le premier consiste à opposer les axes des rayons articulaires qui forment des angles par leur réunion ; c'est le mode que nous avons adopté, parce qu'il permet à l'œil d'apprécier, sous les muscles, la direction des différents leviers locomoteurs ; le deuxième, beaucoup plus difficile, exige une connaissance étendue de l'ostréologie ; il consiste à opposer entr'elles les droites qui passent par les points d'appui des surfaces articulaires les unes contre les autres, et celles que l'on peut mener de ces mêmes points d'appui sur les points d'insertion des muscles. Avec ce dernier moyen on a des résultats plus positifs ; les angles articulaires supérieurs des membres apparaissent avec une ouverture plus grande que dans le mode précédent : mais on ne trouve pas non plus de similitude.

Nous le répéterons encore, que l'on n'accepte pas comme absolues les dimensions et les directions que l'on rencontrera dans le courant de nos études ; elles ne sont qu'une base, un point de départ obligé de nos démonstrations.

DEUXIÈME PARTIE.

Étude des actions locomotrices.

GÉNÉRALITÉS.

Les attitudes et les mouvements divers auxquels l'appareil locomoteur peut être soumis, sont, comme nous l'avons vu, le résultat de l'action musculaire sur les leviers du squelette, combinée avec le poids de la masse. Ces actions sont nombreuses et varient suivant les défauts d'aplomb et de proportion que nous avons déjà fait connaître. Il nous reste à examiner les actions et les mouvements de la machine animale, que nous supposerons parfaitement proportionnée et régulièrement portée par ses quatre colonnes.

Nous diviserons nos études en deux parties principales.

La première traitera des allures en général et comprendra :

1° Les attitudes ;

2° Les mouvements sur place ;

3° Les actions de déplacements qui ne transportent le corps qu'à de petites distances ;

4° Les actions de déplacements continuées, ou allures proprement dites. (Allures naturelles, allures irrégulières et défectueuses, etc.).

La deuxième partie traitera les questions relatives à l'équitation, celles qui ne se trouvent pas résolues dans les chapitres précédents.

CHAPITRE Ier.

ATTITUDES.

Les différentes attitudes que prend le cheval ne sont que des changements apportés dans sa position normale, *la station*, par laquelle, appuyé sur ses quatre jambes, il se maintient immobile sur le sol.

On distingue deux sortes de stations : *la station libre* et *la station forcée*.

Dans la station libre, le cheval ne se supporte pas toujours sur ses quatre jambes à la fois ; il les fléchit alternativement, de manière à en soulager une aux dépens des autres qui supportent alors tout le poids du corps. Dans cette position, le cheval peut reposer et même dormir.

Dans la station forcée, les membres, placés sous la masse et sur leur ligne d'aplomb, supportent régulièrement le poids du corps et occupent les angles de la base de sustentation. Mais le cheval placé, ou en station forcée, ne peut longtemps conserver cette position, car l'obliquité des rayons articulaires exige de la part des muscles extenseurs et fléchisseurs une contraction continue sans laquelle le corps s'affaisserait sur lui-même. Aussi, dès que l'animal est livré à son instinct, reprend-il aussitôt la station libre.

En cela les échassiers et les oiseaux de rivage sont beaucoup mieux partagés que la plupart des animaux et que l'homme lui-même. Ces êtres, obligés d'attendre leur proie plutôt du hasard que de leur industrie, doivent leur singulière faculté de se tenir longtemps immobiles, à une organisation particulière de leur cuisse et de leur jambe. La facette articulaire de leur fémur, comme l'a observé M. Dumétril sur la jambe d'une cigogne, présente un creux dans lequel se loge une éminence du tibia. L'articulation, entourée de forts ligaments, ne peut être fléchie sans qu'il y ait tiraillement ; aussi, dans le vol comme pendant la station, la jambe reste-t-elle toujours étendue.

Supposons le cheval sur ses aplombs réguliers ; si la colonne cervicale s'étend en avant, la tête, éloignée de sa position normale, en agissant par son poids à l'extrémité d'un levier plus long et par cela même plus puissant, attire le centre de gravité en avant et amène une surcharge dans l'avant-main. L'arrière-main est allégée d'autant.

La surcharge de l'avant-main sera encore augmentée si de plus la tête s'abaisse. La masse est disposée à rouler.

Il est donc nécessaire de laisser l'arc de l'encolure se détendre en raison de la vitesse que l'on veut obtenir. Dans la course, le cheval étend son encolure et abaisse sa tête en allongeant le bout du nez, non-seulement pour opérer un déplacement très-grand du centre de gravité dans le sens du mouvement, mais aussi pour faciliter l'arrivée de l'air dans les poumons.

Si la tête se trouve portée en arrière de sa position normale, par un raccourcissement de l'encolure, le contraire aura lieu. Le centre de gravité sera reculé, et l'avant-main sera déchargée aux dépens de l'arrière-main.

Le poids sur l'arrière-main sera encore plus considérable si de plus la tête a été relevée.

Un cheval lancé à la course relève sa tête et son encolure lorsqu'il approche d'un obstacle qu'il doit franchir ; il allège ainsi son avant-main qui doit s'enlever la première et favorise l'obliquité des extrémités postérieures sous la masse, obliquité à la faveur de laquelle le saut doit se produire.

Si la tête est portée à droite du grand axe du corps, le côté droit, et particulièrement la jambe droite antérieure, aura plus à supporter.

Le côté gauche éprouvera les mêmes effets par la position contraire.

Si, en même temps que la tête se porte à droite, la colonne cervicale se fléchit latéralement de manière que le centre de la courbe se trouve à gauche du grand axe du corps, le côté gauche aura son poids augmenté. Et si en même temps la tête se rapproche du poitrail, la jambe gauche postérieure sera plus chargée que la droite.

Les causes opposées produiront les mêmes effets sur le côté droit.

Cette dernière attitude est celle qui convient le mieux à la préparation du départ au galop.

On voit, d'après les principes qui précèdent, que le mouvement peut être provoqué de deux manières : en chargeant le côté par lequel il doit commencer, de telle sorte que les extrémités, ne pouvant plus soutenir le poids du corps, soient obligées de se déplacer pour éviter la chute; ou bien en opérant un déplacement de la masse sur le côté préalablement allégé. Il n'est pas besoin de dire quel est le principe le plus rationnel.

Le *coucher* ou *decubitus* est la position que prend le cheval, en abandonnant complètement sa masse sur le côté ou autrement. Cette attitude lui permet de réparer ses forces beaucoup plus promptement que le sommeil en station libre.

CHAPITRE II.

MOUVEMENTS SUR PLACE.

Les actions qui ont lieu sur place, par déplacement et sans progression, sont le *cabrer*, la *ruade*, les *rotations* sur les épaules, sur les hanches, et l'*évolution* de ces deux parties autour du centre de la base de sustentation.

Le cabrer est une action locomotrice par laquelle le cheval élève son avant-main sur l'arrière-main fixée au sol, et dont la durée est ordinairement très-courte.

Cette action, comme toutes celles qui doivent être suivies d'un déplacement des extrémités, nécessite un instant de préparation, sans lequel elle ne pourrait avoir lieu. Cette préparation se rapporte aux attitudes que nous venons d'examiner.

Pour exécuter le cabrer, le cheval engage d'abord ses extrémités postérieures sous le corps, afin d'attirer sur elles le centre de gravité; il élève sa tête, repousse ensuite le sol avec ses extrémités antérieures et élève son avant-main.

Si donc on veut prévenir le cabrer, il faut, à l'instant où l'on soupçonne l'intention du cheval, empêcher le temps de préparation en le chassant vigoureusement en avant.

Par la même raison, lorsqu'on voudra l'obtenir, il faudra ne le provoquer qu'après avoir engagé les extrémités postérieures sous la masse.

La construction des articulations du cheval et la disposition de ses muscles s'opposent à ce qu'il se cabre au point de se mettre complètement droit, et lorsque cela arrive, la chute en arrière, ou le renversement, en est la suite la plus ordinaire.

La ruade est l'action locomotrice opposée au cabrer, suivie d'une détente rapide en arrière des extrémités postérieures.

Le cheval la prépare par un abaissement de sa tête et de son encolure, de manière à attirer le centre de gravité sur les extrémités antérieures qui demeurent fixées sur le sol. Il peut l'exécuter de pied ferme et en marchant à toutes les allures ; tandis que le cabrer exige nécessairement qu'il s'arrête.

Il faudra donc favoriser ou empêcher le transport du poids en avant, selon que l'on voudra provoquer la ruade ou s'y opposer.

On appelait autrefois *croupade*, la même action locomotrice sans détente des membres postérieurs.

Les *pirouettes* ou *rotations* sur les épaules ou sur les hanches sont des évolutions plus ou moins prolongées de l'avant ou de l'arrière-main sur le bipède qui leur est opposé.

Pendant la pirouette à droite sur les épaules, par exemple, le cheval attire une partie du poids de sa masse de ce côté en abaissant sa tête et son encolure. Les extrémités postérieures parcourent ensuite plus ou moins rapidement une circonférence dont le centre est occupé par la jambe gauche de devant.

Si la pirouette s'exécute du même côté et sur l'arrière-main, la jambe droite postérieure servira de pivot, et pour cela elle s'engagera un peu sous la masse. Les extrémités antérieures parcourront ensuite la circonférence.

Le cheval peut aussi tourner sur lui-même, l'avant et l'arrière-main parcourant à peu près la même circonférence autour du centre de la base de sustentation. Ce mouvement ne peut s'exécuter régulièrement et surtout rapidement, qu'après un rapprochement préalable des extrémités vers le centre, rapprochement qui doit avoir pour résultat une répartition à peu près égale du poids du corps sur les quatre membres.

Les moyens qui peuvent faciliter ou combattre ces divers mouvements découlent des principes que nous avons déjà établis.

CHAPITRE III.

ACTIONS DE DÉPLACEMENT QUI NE TRANSPORTENT LE CORPS QU'A DE PETITES DISTANCES.

Ces mouvements sont de deux sortes : le *reculer* et le *saut*.

Le reculer est l'action qu'emploie le cheval pour se transporter en arrière, en repoussant son corps à l'aide d'une combinaison des extrémités inverse à celle qui produit le mouvement en avant.

Lorsque cheval, livré à lui-même, veut reculer, il abaisse sa tête et son encolure afin de dégager les extrémités postérieures qui doivent commencer le mouvement, et il repousse ensuite sa masse en étendant les membres antérieurs.

Si, au contraire, le cheval relève la tête lorsqu'on le force à reculer, ce n'est pas pour rejeter le centre de gravité en arrière et provoquer, par la surcharge, le déplacement des membres abdominaux, comme l'a écrit M. Lecoq : cette préparation ne saurait lui être dictée par son instinct : nous ne voyons là qu'un effet de la crainte des aides, ou une résistance volontaire.

Les écuyers enseignent plusieurs manières de faire reculer le cheval. Les uns veulent que ce soit la main seule qui opère le déplacement. D'autres prescrivent d'ébranler d'abord la masse par une action de jambes, et de s'en emparer ensuite, par la main, a l'instant où le mouvement va se produire.

Nous donnons la préférence au dernier moyen.

Avec la première manière, on agit sur une masse en repos ; on demande au cheval un mouvement qui lui est difficile et pénible, puisque rien chez lui n'est organisé pour le faciliter, et l'appréhension qu'il éprouve le porte le plus ordinairement à tendre son encolure et à raidir ses mâchoires contre l'action de la main qui reste alors impuissante. L'effet moral manqué, la traction que l'on opère sur cette masse contractée revient à peu près aux efforts de l'homme, monté sur un bateau, et qui attire à lui la proue pour le faire rétrograder.

Avec la seconde manière, on agit sur une masse ébranlée : con-

séquemment la force à employer est moindre ; on favorise la dé-
charge des extrémités postérieures au préjudice de l'avant-main ;
la naissance du mouvement rétrograde n'a plus d'obstacles. Le
cheval ne sentant pas son équilibre compromis se livre au reculer. L'effet moral a pu se produire.

Lorsque le cheval recule lentement, il déplace ses extrémités
à peu près dans le même ordre qu'au pas, excepté que l'appui
sur trois jambes est plus prolongé et que le pied qui se porte en
arrière s'éloigne très-peu de terre. Si le mouvement s'accélère,
les membres prennent la combinaison du trot, mais chaque
bipède diagonal ne se lève que lorsque son opposé a opéré son
appui.

Au moyen du dressage on peut amener les chevaux à trotter
et même à galoper en arrière. On comprend combien ces actions
doivent être raccourcies et surtout disgracieuses.

Le saut est une projection du corps, en l'air, et dans des
directions variées, le plus souvent en avant, produite par la détente des extrémités qui agissent isolément ou successivement
par paires et quelquefois simultanément.

Le cheval peut bondir dans toutes les directions, mais les sauts
en arrière ne peuvent jamais atteindre la hauteur et la longueur
de ceux qui ont lieu en avant ou latéralement.

Le cheval se prépare à sauter en fléchissant les extrémités sur
lesquelles le poids doit être porté, et les rayons articulaires doivent se fléchir d'autant plus que le saut doit se produire plus en
hauteur.

(*Saltus non fit nisi priùs articuli pedum inflectantur.*) (Borelli).

La longueur du saut, d'après le même physicien, est d'autant
plus considérable que les leviers situés au-dessous de la cuisse
sont plus longs (*quò longiores sunt vectes extremi crurum, saltus
majores fiunt*). En effet, dit-il, puisque la détente de tous les
extenseurs des rayons articulaires, se fait avec la même rapidité,
plus les leviers seront longs, plus grande sera la somme des arcs
de cercle décrits par eux, et plus vite ils devront se mouvoir dans
un temps donné. Aussi voyons-nous le lièvre et le kanguroo
avoir les extrémités postérieures très-développées.

Les faits nombreux d'observation ont confirmé absolument cette théorie heureusement appliquée par M. Lecoq aux chevaux de vitesse, et quoique l'on puisse dire que le cheval ne marche pas à la manière des lièvres ou des kanguroos, il n'est pas moins vrai que de deux chevaux, toutes choses égales d'ailleurs, celui qui a la jambe longue l'emporte toujours de beaucoup en vitesse.

La tête et l'encolure contribuent puissamment à la préparation du saut. Si le saut doit se produire en hauteur, le cheval relève sa tête et son encolure, fléchit beaucoup sous le corps ses extrémités postérieures dont la détente est la cause essentielle de la projection. Si, au contraire, le cheval veut sauter en longueur, la tête s'abaisse, et les rayons postérieurs moins fléchis donnent une impulsion qui projette le corps plus près de terre.

Pendant le saut, le cheval détache quelquefois la ruade au moment où les quatre pieds se trouvent à la même hauteur, c'est un air de l'ancienne équitation connu sous le nom de *capriole*.

Le cheval se sert des sauts pour franchir des obstacles ou comme moyen de désarçonner son cavalier. C'est lorsqu'il les emploie comme défenses qu'ils sont surtout variés. On leur a donné différents noms, suivant leur direction. Si le cheval, après s'être cabré à moitié, s'élance en avant, le saut est appelé *pointe;* sur place ou en arrière, on les appelle *sauts de mouton;* on leur donne le nom d'*écart* lorsqu'ils ont lieu latéralement.

On trouve le saut dans plusieurs allures comme le trot et le galop.

CHAPITRE IV.

ACTIONS DE DÉPLACEMENT CONTINUÉES OU ALLURES PROPREMENT DITES. — GÉNÉRALITÉS.

Le mot allure (du verbe aller, marcher) désigne une succession des actions des membres diversement combinées et plus ou moins rapides, par lesquelles les quadrupèdes se transportent d'un endroit à un autre.

Les allures du cheval ont été divisées en trois classes par tous les hippologues (1) :

1° Allures naturelles régulières ;

2° Allures irrégulières ou défectueuses ;

3° Allures artificielles.

Les allures naturelles sont le *pas*, le *trot*, et le *galop*. Elles s'exécutent de la même manière chez les chevaux bien conformés, et offrent, en outre, un caractère commun qui les a fait réunir dans une même classe : c'est la prédominance des actions diagonales, quelle que soit l'allure et sa vitesse.

Dans les allures irrégulières ou défectueuses, qui sont : le *pas relevé*, le *traquenard*, le *galop à quatre temps* et l'*aubin*, la combinaison diagonale est tellement modifiée qu'elle ne ressemble plus à celle des allures naturelles, et disparaît même dans l'amble et le traquenard.

Les allures artificielles sont celles que le cheval acquiert par l'éducation ou le dressage.

Il est quelques points communs qui se rencontrent dans toutes les allures, et que nous devons faire connaître avant de continuer nos études.

Quelle que soit l'allure, en effet, l'action de chaque membre présente successivement :

1° *Le lever*, instant où le pied quitte le sol ;

---

(1) Le principe de cette division a été combattu par M. Lecoq. Nous la reproduisons ici, car, selon nous, toute allure qui diffère du pas, du trot ou du galop, n'est pas une allure naturelle régulière. Nous en donnons la raison.

2° *Le soutien*, moment pendant lequel il est complétement en l'air;

3° *Le poser*, instant où le pied arrive à terre ;

4° *L'appui* ou *foulée*, pendant lequel le membre supporte réellement le poids du corps.

Mais comme le poser et le lever ne demandent qu'un instant très-court, les temps du soutien et de l'appui, dont le lever et le poser ne sont que des temps secondaires, suffisent pour l'explication des allures.

On appelle *battue* le bruit qui résulte de la percussion des pieds sur le sol.

Bourgelat a établi, et on l'admet généralement aujourd'hui, que la succession des quatre extrémités, qu'elles agissent isolément ou deux à deux, constitue ce qu'on peut appeler un *pas complet*.

Toute allure aussi comporte un temps de préparation par lequel le centre de gravité se trouve éloigné de la jambe qui se lève la première. « Le poids du corps roule ensuite, dit ingé- » nieusement Richeraud, sur les extrémités, comme celui d'un » char qui passe successivement sur les divers rayons de ses » roues. » Les membres préviennent la chute en se portant successivement en avant et avec d'autant plus de rapidité que la chute est plus imminente ; de là le principe admis, *que l'instabilité de l'équilibre, dans les allures, est la mesure de leur vitesse.*

Le centre de gravité pendant la marche ne suit pas une ligne droite. Il est transporté d'un côté à l'autre de la base de sustentation en parcourant des obliques régulièrement opposés. A chaque action isolée des membres il éprouve, en outre, un mouvement ascensionnel, pendant que le membre se redresse, et un abaissement proportionnel à l'élévation, lorsque le membre s'incline en arrière pour terminer son appui. Il est facile de s'en convaincre en examinant l'ombre d'une personne sur une surface plane horizontale ou le long d'un mur.

L'expression de deux temps, trois temps, quatre temps, qui désigne les actions isolées ou simultanées des extrémités pendant un pas complet, nous servira à indiquer le genre de l'allure. Les battues que l'oreille peut compter sont l'expression exacte des temps des divers modes de progression.

CHAPITRE V.

ALLURES NATURELLES. — PAS.

Le pas, en latin *gradus, passus*, est une allure qui s'effectue en quatre temps, quatre battues, rapprochées deux à deux en diagonale, et non également, comme on le professe encore aujourd'hui.

C'est la moins rapide de toutes les allures, et par cela même la moins fatigante. Le centre de gravité, moins déplacé que dans tous les autres genres de locomotion, permet, en effet, à chaque jambe de contribuer plus puissamment et plus longtemps au support de la masse en mouvement.

Les quatre temps de cette allure se succèdent en diagonale, de telle sorte que chaque extrémité fait entendre sa battue séparément. Ainsi, au poser de la jambe droite de devant succède le poser de la jambe gauche postérieure, et ainsi du diagonal gauche. Mais les extrémités postérieures n'attendent pas pour se lever que les antérieures qui les précèdent, en diagonale, aient effectué leur poser ; c'est lorsque les antérieures sont près d'arriver à la moitié de leur soutien que les postérieures commencent à se lever.

Pour bien se faire une idée du pas, il faut considérer attentivement le soutien et l'appui de chaque bipède antérieur et postérieur, puis examiner la combinaison diagonale ; étudier ensuite le jeu latéral, et enfin aborder la combinaison des quatre extrémités pendant un pas complet.

Nous remarquons d'abord, dans les bipèdes antérieur et postérieur, que chaque jambe attend, pour se lever, que sa congénère ait commencé à se poser, et que les temps pendant lesquels elles se trouvent alternativement en l'air et sur le sol, sont exactement égaux. Or, puisque les actions des quatre jambes sont associées deux à deux et d'avant en arrière, l'espace parcouru par le bipède antérieur ou postérieur sera celui d'un pas complet,

et la rapidité avec laquelle les deux battues antérieures et postérieures seront produites sera la mesure de la vitesse.

Étudiant ensuite la combinaison diagonale, nous voyons que
les extrémités postérieures quittent le sol lorsque les antérieures sont près d'arriver à la moitié de leur soutien.

Enfin, dans la combinaison latérale, le jeu des membres est
inversé. Les extrémités postérieures quittent le sol avant les
antérieures, et celles-ci ne se lèvent que lorsque les premières
sont près de les atteindre.

Si maintenant nous observons l'ensemble des trois combinaisons précédentes, nous verrons que l'action diagonale est le mode
fondamental de l'allure du pas : et il devait en être ainsi, car de
cette manière le centre de gravité se trouve placé au-dessus des
points d'appui ; mais comme il n'y a pas de saut dans cette allure,
la combinaison diagonale ne peut-être continuée comme au trot,
et le corps passe nécessairement des diagonaux sur les latéraux,
pour revenir aussitôt à la combinaison principale qui est plus favorable à sa sûreté.

Cette dernière question mérite d'être examinée attentivement.

Si nous prenons l'allure au moment où la jambe droite du
devant va poser, nous trouvons le bipède diagonal gauche à
l'appui ; le cheval est supporté sur deux jambes (*planche* 2ᵉ,
fig. 1, *case* 1). Lorsque la jambe droite antérieure viendra à poser,
le cheval sera supporté par trois jambes (*case* 2), mais pendant
un temps très-court, car la jambe gauche antérieure se lève à
l'instant où la droite pose ; le cheval n'est plus supporté que sur
deux jambes, latéral droit (*case* 5) ; la position est peu assurée
puisque le centre de gravité se trouve en dehors des points d'appui, aussi la jambe gauche postérieure hâte-t-elle son poser,
comme le fait observer M. le capitaine Raabe (1), pour arriver au
secours de la masse ; le cheval est supporté par trois jambes (*case*
4). La jambe droite postérieure quitte le sol au moment où la
gauche y arrive, le cheval n'est plus supporté que par deux
jambes, diagonal droit (*case* 5). Les points d'appui situés au

(1) *Examen du Cours d'équitation de M. d'Aure* (1854).

4.

dessous du centre de gravité sont plus favorables au support de la masse ; aussi le temps de l'appui est-il plus long sur les diagonaux que sur les latéraux. La jambe gauche antérieure opère son poser, l'appui est sur trois jambes (*case* 6), mais aussitôt la jambe droite antérieure se lève, et le cheval n'est plus supporté que sur deux jambes, latéral gauche (*case* 7). La jambe droite postérieure arrive précipitamment à l'appui, l'appui est sur trois jambes (*case* 8). La jambe gauche postérieure se lève aussitôt ; l'appui est revenu sur le diagonal gauche, et ainsi de suite.

Nous voyons donc que le corps du cheval est alternativement supporté, pendant un pas complet du pas :

Deux temps assez longs sur les diagonaux ;

Deux temps plus courts sur les latéraux ;

Quatre instants à peine saisissables sur trois jambes, chaque fois que la masse passe des diagonaux sur les latéraux et *vice versâ* (1).

Telle est l'action des extrémités lorsque le cheval chemine à un pas régulier et bien soutenu. Mais lorsqu'il gravit une montée ou qu'il traîne un fardeau pesant, le lever des extrémités est retardé, au point, quelquefois, que le temps qui sépare les battues est plus long dans les diagonaux que dans les latéraux. L'appui sur trois jambes est alors d'autant plus prolongé que l'allure se fait plus lentement.

Il se présente encore une particularité non moins difficile à expliquer. Lorsque le pas est soutenu, les pieds postérieurs couvrent exactement l'empreinte que les antérieurs ont laissée sur

(1) Nous voici en dissidence d'opinion avec M. Lecoq et avec M. le capitaine Raabe qui a répété sa théorie de la combinaison des extrémités pendant l'allure du pas : M. Lecoq veut, qu'excepté au départ et à l'arrêt, le cheval ne soit supporté que sur deux jambes, quoiqu'il y ait quatre battues bien distinctes dans un pas complet du pas. Si la démonstration précédente ne nous paraissait pas assez concluante, nous pourrions ajouter que le pas serait, selon l'opinion de ces Messieurs, un mélange de trot et d'amble, et que, de plus, il devrait y avoir, si cela était ainsi, un saut, tant léger fût-il, pour que les extrémités pussent passer de la combinaison diagonale à la combinaison latérale sans le secours du troisième appui que nous avons démontré.

le sol ; si le pas s'accélère, on voit aussitôt les pieds postérieurs venir s'appuyer en avant du point qu'ont occupé les antérieurs ; l'empreinte se trouve portée d'autant plus en avant que le pas est plus allongé. Le contraire se remarque lorsqu'il y a ralentissement dans l'allure ; la trace des pieds postérieurs n'atteint pas celle des antérieurs, et l'écartement est d'autant plus grand que le pas est plus raccourci.

On attribue cette particularité à diverses causes. M. Lecoq croit, sans affirmer, que l'empiètement plus grand des extrémités postérieures sur celles du devant provient de la faiblesse des reins. M. le capitaine Raabe précise que cela est dû à ce que les membres postérieurs embrassent plus de terrain que les antérieurs.

Nous ne sommes pas tout-à-fait de cet avis.

Nous avons vu, dans la description de l'allure, que les extrémités, dans les bipèdes antérieurs et postérieurs, ne se lèvent que lorsque leurs congénères commencent leur appui. Or, comment comprendre que l'arrière-main puisse parcourir plus de chemin que l'avant-main qui a toujours l'un de ses pieds au sol ?

Si les choses se passaient ainsi, il arriverait nécessairement, au bout d'un temps très-court, que le derrière passerait à travers le devant. Est-ce possible ? Cependant la particularité persiste pendant tout le temps de l'accélération du pas.

Cette combinaison tient à ce que la distance entre les points d'attache des membres sur le tronc étant toujours à peu près la même, lorsque les membres s'écartent de plus de la moitié de cette distance pour coopérer à l'accélération de la marche, les empreintes se rencontrent, se couvrent et même se croisent.

La figure 3 (planche 1re) nous expliquera cette proposition. Représentons le corps du cheval par la ligne A C, et les extrémités par les lignes A B — C D. Lorsque la jambe droite antérieure C D se sera portée au point F, le devant du cheval, étayé par les deux jambes fixées au point D F, descendra au point C' ; la jambe gauche postérieure A B se portera à son tour au point E et l'arrière-main descendra au point A'. Lorsque la jambe gauche antérieure C' D se déplacera, l'avant-main C' se portera en C" en parcourant une courbe au-dessus du point F, et s'étaiera sur les points F J. La jambe droite postérieure A' B se portera en A" D et l'arrière-main arrivera au point A" après avoir décrit une courbe au-dessus du point E. Le pied droit postérieur A' B viendra prendre la place de l'antérieur D qui se sera porté en J. Le pas sera régulier, soutenu ; les empreintes des pieds postérieurs couvriront exactement celles des antérieurs.

Mais si l'allure doit être plus accélérée, la jambe droite antérieure se portera en I, et l'avant-main sera abaissée en C'''. La jambe gauche postérieure arrivera au point G et l'arrière-main descendra au point A'''. Lorsque la jambe gauche antérieure C''' D aura été portée en K, la jambe droite postérieure A''' B sera portée en H, et l'espace G H, embrassé par la jambe postérieure, empiétera sur le terrain D I, parcouru par les jambes de devant, de toute la distance D H. La longueur comprise entre les points d'union des membres au corps A C n'aura pas changé.

Lorsque l'allure devient plus lente, plus raccourcie, les supports s'éloignent les uns des autres pour allonger la base de sustentation. Ils embrassent des espaces moins grands, et les empreintes des pieds postérieurs sont tracées en arrière de celles que les antérieurs ont laissées sur le sol.

On peut maintenant s'expliquer parfaitement pourquoi les chevaux dont les épaules ont peu de mouvement, ne peuvent allonger le pas et sont contraints de se bercer du devant et même de trottiner pour suivre les chevaux qui marchent à côté d'eux. Si l'arrière-main avait la faculté de parcourir plus de terrain que l'avant-main, la gêne des épaules ne pourrait pas faire obstacle à l'étendue du pas (1).

(1) Veut-on une autre preuve de la fausseté de l'assertion de M. le capitaine Raabe? Qu'on imagine une règle, ou un morceau de bois quelconque, d'une longueur de 20 centimètres, et que l'on fixe un compas à chacune de ses extrémités : si on ouvre les deux compas au même degré, par exemple, 10 centimètres, la moitié de la longueur de l'appareil, et qu'on les fasse marcher, on aura un exemple du cas où les empreintes se couvrent ; si on leur donne ensuite une ouverture de 12 centimètres et que l'on mette l'appareil en mouvement, on verra le compas postérieur empiéter de 4 centimètres sur l'espace

On peut donc établir, d'après ce qui précède, que le pas est :

Soutenu, lorsque le cheval ne laisse que deux empreintes dans un pas complet ;

Allongé, lorsque les empreintes des pieds postérieurs dépassent celles des antérieurs ;

Raccourci, lorsque les pieds postérieurs n'atteignent pas la piste des antérieurs.

Connaissant la succession des actions des membres et les diverses combinaisons que l'on rencontre dans l'allure du pas, il nous sera facile de trouver les oscillations horizontales que subit le centre de gravité. Il devra se trouver constamment entre les points d'appui. Lorsque le cheval sera supporté par un diagonal, nous le verrons passer sur un point de la droite menée d'un pied à l'autre, et plus près de l'antérieur que du postérieur, car nous savons que la masse pèse plus en avant qu'en arrière. Pendant l'appui latéral il se trouvera un peu en dedans de la droite qui relie les deux pieds ; il n'arrive jamais exactement au-dessus des bipèdes latéraux, car le cheval serait exposé à chuter en dehors, aussi hâte-t-il le poser d'une jambe de derrière pour rétablir la sûreté de la position. Enfin, lorsque l'appui a lieu sur trois jambes, on le rencontre nécessairement entre les supports.

Les points a b c d e f g h (*figure* 2, *planche* 2ᵉ), peuvent donner une idée des points qu'il occupe au moment où les extrémités sont à l'appui. Pour se rendre d'un de ces points à l'autre, il suit à peu près les diagonales a b c d e f g (*figure* 2, *planche* 2ᵉ).

Quant au déplacement vertical, il est très-difficile d'exposer exactement sa marche, à cause des nombreuses combinaisons

embrassé par l'antérieur, et l'on aura le cas du pas allongé. Enfin, si l'ouverture des deux compas est moindre que 10 centimètres, ce sera le cas du pas raccourci.

Mais si on veut, comme M. le capitaine Raabe, faire parcourir au compas postérieur plus d'espace qu'à celui qui représente l'avant-main, il faut donner une ouverture de 10 centimètres à celui-ci, et écarter les branches de celui-là à 11 centimètres ; mettez l'appareil en action : où irez-vous... ?

que presente l'allure; cependant les courbes A' A" — A'" A"" — c' c" — c'" c"" (*fig.* 3, *pl.* 2ᵉ), peuvent nous laisser entrevoir son mode de déplacement au-dessus des points E F I G pendant un pas complet.

On serait tenté de croire que lorsque les empreintes se couvrent, à l'allure du pas, l'étendue embrassée par les bipèdes antérieur et postérieur, dans un pas complet, est égale à la base de sustentation : il n'en est pourtant pas ainsi. Si on examine un cheval en repos, on verra que les hanches sont plus abaissées et plus obliques que pendant la marche ; il s'affaisse sur son arrière-main pour attirer le poids de ce côté, et soulager l'avant-main qui a plus à porter; mais dès qu'il se met en marche, sa croupe se redresse, l'attache de la queue est relevée, le rein et toute la colonne se soutiennent, s'allongent, et les pieds se trouvent plus écartés les uns des autres que pendant la station. Aussi l'espace de terrain embrassé est-il d'une longueur de la base, plus la moitié, comme l'a décrit M. Raabe, lorsque le pas est soutenu.

Vincent et Goiffon ont établi que la longueur d'un pas complet de pas, était égale à la hauteur du cheval prise du sommet du garrot à terre. Cette dernière mesure est aussi exacte que la première. On comprend que ces données, prises dans les allures de chevaux bien conformés, peuvent varier par un grand nombre de causes, telles que défaut d'aplomb et de proportion, liberté d'épaule plus ou moins grande, etc.

Il n'est pas possible non plus de préciser l'étendue de l'allure, lorsqu'elle est raccourcie ou allongée.

L'Ordonnance de cavalerie a établi, en moyenne, qu'un cheval embrasse à chaque pas 83 centimètres, et que l'espace parcouru dans une minute était de 100 mètres.

M. Raabe, après des expériences qu'il a faites lui-même, constate que les allures ont plus de vitesse que n'en indique l'Ordonnance de cavalerie. Cela tient évidemment à ce que, depuis 1829, les chevaux ont acquis une construction plus complète et des qualités qu'ils ne possédaient pas alors.

Ainsi, d'après les données nouvelles (comme nous l'avons ob-

servé nous-mêmes), le cheval parcourt, dans un pas complet,
1 mètre 80 centimètres dont la moitié, 90 centimètres, est de
7 centimètres plus longue que le pas-de l'*Ordonnance* (83 c.)

Quant à la vitesse du pas, elle est portée actuellement à une
moyenne de 115 à 120 mètres par minute ; un peu moins de 9
minutes pour le kilomètre, 34 à 35 minutes pour la lieue.

CHAPITRE VI.

TROT.

Le trot (du grec *Trekô*, aller vite) est une allure à deux temps, deux battues, dans laquelle les extrémités se suivent en diagonale avec un ensemble parfait.

La combinaison de cette allure est loin d'être aussi compliquée que celle du pas. Elle s'exécute par la détente simultanée des extrémités réunies deux à deux en diagonale. Ainsi le poser du bipède diagonal droit (*pl.* 3, *fig.* 1re, *case* 1re) est suivi de celui du diagonal opposé (*case* 3); mais ici les temps d'appui et de soutien ne sont pas égaux.

Dans le trot soutenu, les pieds postérieurs viennent prendre la place des antérieurs : on est conséquemment forcé d'admettre que le corps est privé d'appui durant un instant plus ou moins long, pendant lequel un bipède diagonal quitte le sol pour faire place à celui qui vient s'y poser (*fig.* 2, *case* 2). Il suffit, du reste, comme l'indique Bourgelat, de se placer sur un terrain plus bas que celui sur lequel trotte le cheval, pour voir toutes les extrémités au soutien après la détente de chaque diagonal.

Vincent et Goiffon admettent que l'instant de suspension est égal, dans le grand trot, au temps de l'appui; de telle sorte, dit M. Lecoq, « que les membres seraient au soutien trois fois » autant de temps qu'ils sont à l'appui. » On ne peut cependant admettre ce rapport que pour les chevaux qui marchent le trot à extension soutenue, qui *steeppent*, car chez le plus grand nombre, ce temps ne paraît pas être aussi long.

Le trot peut être *soutenu*, *allongé* ou *raccourci*, c'est-à-dire que, de même qu'au pas, l'empreinte des pieds postérieurs peut couvrir, dépasser ou rester en arrière de celle des pieds antérieurs.

Lorsque le cheval se livre au trot allongé, il étend son encolure, fixe sa tête un peu haut, raidit sa colonne vertébrale et la courbe un peu en contre-bas, sans doute, pour favoriser l'écartement des membres et pouvoir embrasser plus de terrain sans s'atteindre.

Le centre de gravité, dans son déplacement horizontal, suit une ligne droite A B (*pl.* 3, *fig.* 2ᵉ), comprise entre les parallèles suivant lesquelles les extrémités se meuvent. Ce n'est que lorsqu'il y a défaut d'aplomb ou de proportion que le centre de gravité se porte d'un côté sur l'autre.

Quant au déplacement vertical, on peut le représenter par deux courbes légèrement paraboliques vers la fin du soutien (*pl.* 3, *fig.* 3, a b — b c).

Lorsque le trot est poussé outre mesure, il perd sa régularité, se détraque, de telle sorte que le *ta-ta* du trot régulier se change en *tara-tara* dans le trot détraqué : on entend même quelquefois deux battues assez distinctes dans chaque bipède diagonal, le pied postérieur précédant celui du devant. A mesure que le trot s'accélère, le déplacement vertical s'amoindrit et les réactions se font moins sentir dans l'assiette.

On dit, en langage usuel, qu'un cheval *traquenarde* lorsque, poussé outre mesure, il prend le trot détraqué. L'expression est impropre, car le traquenard est une allure irrégulière, moins vite que le trot, plus rapide que le pas, dont la combinaison est tout opposée à celle qui a lieu dans le trot détraqué.

Nous avons admis en principe que le rapport de mouvement entre l'avant et l'arrière-main doit être parfaitement exact pour que les allures soient régulières et s'exécutent avec toute la facilité désirable. Si cette condition est indispensable à la régularité et à la vitesse du pas, elle trouve de nombreuses exceptions dans le trot, et même dans le galop; ou du moins, à ces allures, le défaut peut se trouver compensé; tandis qu'au pas, l'étendue de terrain embrassé est toujours mesurée par le bipède antérieur. On voit, en effet, des chevaux, à épaules gênées et dont les membres antérieurs embrassent peu d'espace, trotter très-vite et sans que la gêne des épaules semble faire obstacle à la progression; il en est même dont le trot est si rapide et si soutenu, qu'il serait permis de croire que la liberté d'action de l'avant-main ne peut permettre une plus grande vitesse. Si on cherche alors la cause de ce fait, on voit bientôt qu'elle se trouve toute dans la puissance du dos, du rein, des hanches, des cuisses, en un mot d'un ensemble parfait des conditions de force de l'arrière-main. Et, en effet, puisqu'après chaque détente des bipèdes diagonaux, la masse progresse un instant plus ou moins long sans appui, le saut sera d'autant plus long que l'arrière-train aura fonctionné avec plus de puissance. Mais il faut cependant admettre que si, avec cette conformation, les épaules étaient plus mobiles, les actions seraient plus étendues, et conséquemment l'espace parcouru dans un temps donné plus considérable.

Les chevaux longs de rein trottent assez vite, lorsque toutefois les épaules sont capables de beaucoup de mouvement; mais cette vitesse ne peut être chez eux d'une longue durée, car les muscles du rachis et particulièrement ceux qui soutiennent le rein, ne tardent pas à se fatiguer de la contraction violente dans laquelle ils sont obligés de se maintenir pour donner la rigidité nécessaire à la colonne dorso-lombaire; bientôt ils se relâchent, s'affaissent, et l'allure perd de sa vitesse première.

Quant à l'espace que le cheval peut parcourir dans un pas complet de trot, bien que M. Lecoq ait établi en principe que lorsque les pistes se confondent, chaque pas complet porte l'animal en avant deux fois la longueur de la base de sustentation, nous pensons qu'il doit varier suivant la puissance locomotrice, et en raison du degré d'écartement que les jambes antérieures peuvent atteindre.

L'Ordonnance de cavalerie a fixé à 1 mètre 20 centimètres l'étendue de terrain qu'un cheval peut parcourir à l'allure du trot, et la vitesse à raison de 240 mètres par minute.

Nous ferons remarquer que les dimensions et la vitesse sont plus grandes chez les chevaux actuels. La vitesse du trot de manœuvre et de route est portée à peu près à 333 mètres par minute, 12 minutes pour une lieue, le cheval embrassant à chaque pas complet de trot soutenu 2 mètres 60 à 2 mètres 70 centimètres. Mais encore ces dimensions et cette vitesse se trouvent-elles plus ou moins modifiées, suivant le terrain et l'espèce de chevaux, etc., etc.

On voit de grands trotteurs qui font la lieue en 8 minutes, 500 mètres par minute, et dont le pas complet couvre 3 mètres 25 à 3 mètres 30 centimètres, près de trois longueurs de la base.

CHAPITRE VII.

GALOP.

Le galop, fait du grec Kalpè, mot qui, selon Napoléon Landais (1), conviendrait mieux pour désigner le trot, est une allure à trois temps, trois battues, la deuxième plus rapprochée de la troisième que de la première, et dont la combinaison principale a lieu d'arrière en avant, en diagonale.

On distingue deux espèces de galop :

1° Le galop ordinaire à trois temps, qui, poussé à son maximum de vitesse, constitue le galop de course ;

2° Le galop à quatre temps, que nous considérons comme un galop irrégulier et que nous examinerons plus tard.

GALOP A TROIS TEMPS.

Dans le galop à trois temps, la plus rapide de toutes les allures, le cheval est successivement appuyé sur :

1° Une jambe postérieure ;

2° Sur l'autre jambe postérieure associée à l'antérieure qui lui est opposée en diagonale ;

3° Sur une jambe de devant, l'opposée en diagonale à la postérieure qui a commencé l'allure.

Il arrive ensuite un temps de suspension qui succède à l'action de la jambe antérieure qui pose la dernière. L'empreinte des pieds sur le sol laisse toujours voir un latéral devançant l'autre.

Le corps du cheval éprouve, en outre, pendant les appuis successifs, un mouvement de bascule alternativement opposé autour de son centre.

Supposons le cheval en l'air, privé d'appui et galopant à droite, la jambe gauche postérieure rejoindra le sol la première (pl. 4, fig. 4, case 1), sa détente s'opérant aussitôt chassera la masse en avant ; au moment où son extension sera près d'être terminée, le

_____

(1) Cardini fait dériver le mot galop de Kalpazein, piquer un cheval.

bipède diagonal gauche opèrera sa percussion, la jambe gauche postérieure quittera le sol et le cheval sera supporté par deux jambes (case 2). Enfin, au moment où le diagonal gauche terminera son appui, la jambe droite antérieure effectuera le sien (case 3). La masse, ayant alors acquis une plus grande vitesse par la détente rapide des extrémités, progressera, sans appui, pendant un instant plus ou moins long, et parcourra une parabole d'autant plus longue et moins prononcée que l'action successive des leviers locomoteurs aura été plus puissante et dirigée plus en avant, d'autant plus courte et plus prononcée que la détente des extrémités se sera plus opérée de bas en haut.

Lorsque la première jambe postérieure arrive à terre, le corps se trouve incliné d'avant en arrière, mais aussitôt que la première détente s'effectue, l'arrière-main s'élève et le corps subit un mouvement de bascule d'arrière en avant en s'abaissant successivement sur le diagonal et sur le membre antérieur qui achève le galop; la percussion de ce dernier, tout en concourant à entretenir la vitesse, relève la masse par sa seule action, et l'incline en sens inverse, c'est-à-dire d'arrière en avant, pour faciliter le commencement d'un nouveau pas.

Les trois battues du galop sont suivies d'un silence plus ou moins prolongé, qui est la mesure du temps pendant lequel le corps du cheval est complètement en l'air.

Il se trouve encore aujourd'hui des personnes qui s'occupent du mécanisme des allures, et qui, soit par système ou autrement, n'admettent pas que l'ordre du lever des extrémités, dans le galop, soit le même que celui du poser. Les uns disent *non*, sans opposer le plus petit argument; les autres, plus judicieuses, font sauter le cheval à cloche-pied sur une jambe postérieure, et donnent comme preuve très-convaincante l'usure plus grande d'un membre postérieur, lorsqu'on galope toujours le cheval sur le même pied; elles ne voient pas que l'extrémité antérieure, qui termine le galop, reçoit la masse après qu'elle a roulé sur les trois autres jambes; tandis que la postérieure, qui pose la première, la reçoit lorsqu'elle retombe sur le sol, après avoir été privée de tout appui : de là l'usure plus grande. Du reste, M.

Lecoq et Bourgelat avant lui, ont trop bien expliqué cette combinaison pour que l'on puisse la mettre en doute.

Nous trouvons, dans un *Traité d'équitation raisonnée* de M. Cordier, écuyer commandant du manège de Saumur (1824), une théorie fort singulière du départ au galop, et qui semble, comme nous l'avons laissé apercevoir, n'avoir pas tout-à-fait perdu ses racines à l'École de cavalerie.

M. Cordier veut que, dans le départ au galop sur le pied droit, l'extrémité antérieure droite quitte le sol la première, puis le bipède diagonal gauche et, enfin, l'extrémité postérieure gauche ; ce sont ses propres paroles.

D'abord, dans le départ du pas au galop, ainsi que le prend M. Cordier, et dans le départ de pied ferme, le cheval, après avoir élevé son avant-main, laisse ses deux extrémités postérieures à terre; mais la jambe postérieure droite, pour le départ au galop à droite de pied ferme, vient préalablement s'engager sous la masse à l'instant même où l'avant-main s'est enlevée ; si le cheval marche au pas, la jambe gauche postérieure s'engage sous la masse, la jambe droite postérieure s'engage à son tour de manière à devancer sa congénère. Dans ces deux cas, alors, les extrémités postérieures, fixées sur le sol, se fléchissent, l'avant-main s'élève légèrement, se dispose pour le galop à droite, et revient aussitôt à terre en suivant le mouvement de bascule imprimé par les deux extrémités postérieures. Le galop présente dès lors la combinaison que nous avons déjà indiquée ; c'est-à-dire que le poids de la masse roule successivement de la jambe gauche postérieure sur le bipède diagonal gauche et sur la jambe droite de devant, et que l'ordre dans lequel les extrémités se lèvent est le même que celui de leur foulée.

M. Cordier continue : « alors il se trouve un moment où le » cheval ne touche plus le sol (remarquez que c'est après le lever » de la jambe gauche postérieure); il doit ensuite se reposer en » plaçant ses extrémités dans l'ordre inverse du lever ; c'est-à- » dire, dans le galop à droite, l'extrémité postérieure gauche, qui » effectue son lever la dernière, vient cependant reposer la pre- » mière à terre et former la première battue, etc. »

Le cheval a donc sauté à cloche-pied sur son jarret gauche qui seul a dû lancer tout le poids du corps en avant et a dû le recevoir au moment où il retombe. Peut-on admettre une pareille combinaison, même sous les effets les plus puissants des grands maîtres de la science?

L'auteur de l'*Ecole du cavalier au manége* fait un commentaire des principes du galop de *l'Ordonnance de cavalerie,* qui ne s'accorde pas du tout avec notre manière de voir.

Page 108. — « *Les cavaliers marchant au pas sur la piste, l'ins-*» *tructeur leur explique le mécanisme du galop ainsi que les moyens* » *d'en assurer la justesse.* »

Tout le monde connaît la parfaite justesse de l'*Ordonnance* à cet égard : « Un cheval galope sur le pied droit, etc..... » M. le capitaine Guérin est parfaitement dans le vrai, tant qu'il copie le texte dont nous venons d'indiquer les premiers mots ; mais bientôt, sous son commentaire, la combinaison possible, juste, rationnelle de l'*Ordonnance* disparaît entièrement. Il est dit : « le pre-» mier temps est marqué par la jambe gauche de derrière, *qui* » *s'engage sous la masse pour lui donner un appui favorable à l'en-*» *levé des parties antérieures.* »

Pourquoi avoir changé le texte : le premier temps est marqué par la jambe gauche de derrière qui *pose la première* à terre ? L'*Ordonnance* nous laissait au moins entrevoir que la masse était privée d'appui avant ce premier temps.

Et ensuite, comment peut-on imaginer que ce soit à la faveur de l'appui sur la jambe gauche postérieure que l'avant-main puisse s'élever? Lorsque le corps arrive à terre, l'avant-main serait donc plus basse que l'arrière, puisqu'elle s'élève au moment du premier appui? et si elle est plus basse, comment encore se ferait-il que ce soit une extrémité postérieure qui touche le sol la première ?

Nous sommes loin de compte avec M. le capitaine Guérin ; car on a pu voir, dans les théories qui précèdent, que nous voulons, au contraire, que la masse, inclinée d'avant en arrière, au moment du premier appui, s'abaisse ensuite en sens inverse, c'est-à-dire d'arrière en avant, en roulant successivement du pied de derrière qui commence le *temps de galop*, pour nous servir d'une ancienne expression, sur le diagonal qui opère la battue intermédiaire, et enfin sur la jambe de devant qui achève seule le galop et qui seule aussi relève l'avant-main par sa percussion pour favoriser un nouvel engagement des extrémités postérieures, lorsque la masse reviendra à terre.

L'auteur continue : « le deuxième (temps) est marqué par le » bipède diagonal gauche, *qui pose à terre après que la masse,* » *lancée par le jarret gauche, a progressé et retombe sur le sol,* » et le troisième par la jambe droite du devant (1) »

Mais l'Ordonnance ne dit pas le moins du monde que la masse soit lancée en avant et loin du sol pour y retomber ensuite sur le diagonal gauche ; elle nous dit tout simplement : le premier temps est marqué par la jambe gauche de derrière qui pose la première à terre ; le deuxième, par le bipède diagonal gauche, et le troisième, par la jambe droite du devant.

D'où nous concluons que la masse, privée d'appui et revenant sur le sol, pose successivement sur la jambe gauche postérieure, sur le bipède diagonal gauche et sur la jambe droite du devant, sans qu'il y ait projection de la masse en l'air pendant les trois appuis successifs, et que c'est après la troisième battue que le corps du cheval quitte la terre pendant un instant indiqué par un silence plus prolongé entre la troisième battue qui achève le pas complet du galop et la première qui doit se reproduire pour continuer l'allure (2).

(1) La théorie du galop de l'Ordonnance explique l'allure après sa naissance et non le départ sur tel ou tel pied ; et c'est ce que l'auteur paraît avoir voulu y trouver. Dans cette dernière hypothèse, la masse ne progresse et ne retombe pas sur le sol après avoir été lancée par le jarret gauche, etc. (*Voyez, pour les départs, la réfutation des principes de M. Cordier*)

(2) Si on compte les battues dans l'ordre du poser des extrémités, on aura entre chaque battue 1 2 3, 1 2 3, etc., des intervalles inégaux 1—2—3——1, etc. De 1 à 2 l'intervalle ou le silence sera plus long que celui qui sépare 2 de 3, et celui qui se fait ensuite entre la battue 3 qui achève le galop, jambe droite antérieure, dans le galop à droite, et la battue 1 qui commence un nouveau pas, sera beaucoup plus long que les autres et nous donnera la mesure du temps pendant lequel le corps du cheval est complétement en l'air.

Suite des commentaires (page 110, en note) : « La révolution des
» extrémités sous la masse, au galop, étant parfaitement définie,
» il est utile de faire connaître aux élèves les causes véritables
» qui produisent inévitablement le galop sur tel ou tel pied.

» Le galop peut être produit de deux manières : ou par l'accé-
» lération du trot..... ou par les dispositions harmonieuses des
» différentes parties de son corps, et l'action nécessaire commu-
» niquée au cheval par le cavalier.

» Dans le premier cas, pour le galop à droite, il faut que le
» cavalier, après avoir poussé le cheval au trot jusqu'à son maxi-
» mum de vitesse, sente alors le poser du bipède diagonal droit,
» instant où le jarret gauche est engagé sous la masse, afin d'en
» provoquer la détente énergique et de produire ainsi le galop à
» droite. »

Avec un pareil moyen on sera sûr d'obtenir le galop à gauche.
L'action des aides du cavalier produisant son effet au moment où
le diagonal droit est à l'appui, le cheval s'élancera avec plus
de force au moyen du même diagonal qui se détendra simultanément ; car il est trop tard pour que le jarret gauche s'engage et
que la jambe droite de devant s'élève. Le jarret droit, qui est au
soutien au moment de l'action du cavalier, arrivera précipitamment
à l'appui et s'engagera d'autant plus en avant, sous la masse, que
ces mêmes actions du cavalier auront été plus puissantes. Le
cheval se baissera sur sa hanche droite et le galop à gauche sur-
viendra infailliblement. (*Voyez, chapitre : Observations relatives
à l'équitation, les explications de Xénophon*).

Le centre de gravité éprouve des déplacements horizontaux va-
riables, suivant que le cheval galope à droite ou à gauche, et en
raison de la vitesse de l'allure. Dans le galop à droite, il se portera, à chaque pas complet, de la jambe gauche postérieure à la
jambe droite antérieure en parcourant la diagonale a b (*pl. 4,
fig. 2*). Mais si l'allure s'accélère, la diagonale devient de moins
en moins inclinée sur la ligne de projection, au point qu'à la
course, elle est à peine appréciable.

Dans le déplacement vertical, le centre de gravité parcourt
deux courbes à chaque pas complet, et non une seule, comme l'a

avancé M. Lecoq. Ces deux courbes ne sont pas de même étendue, la plus longue : a b (pl. 4, fig. 5), répond au déplacement vertical que le centre de gravité éprouve pendant que les membres font leur appui successif ; elle peut être représentée par un arc de cercle ; la plus courte, b c, représente la ligne parabolique que décrit le centre de gravité depuis l'instant où le corps quitte la terre jusqu'au moment où il y retombe.

Les deux courbes peuvent être plus ou moins longues ; mais la plus étendue est toujours celle qui correspond aux appuis des membres sur le sol.

On dit que le cheval galope à droite ou sur le pied droit, lorsque le bipède latéral de ce côté trace sa piste plus en avant. Le cheval se trouve dans la position la plus favorable pour tourner à droite ; il peut gagner aisément du terrain vers ce côté, parce que la combinaison principale se trouve dans le sens du mouvement, et aussi parce que la jambe droite antérieure, qui termine le galop, peut facilement étayer la masse et rétablir la position si elle vient à être compromise par un déplacement trop violent.

Si le cheval tournait à gauche en galopant sur le pied droit, ce que l'on désigne par l'expression de *tourner à faux*, l'angle gauche antérieur du rectangle sur lequel chemine le corps, étant effacé, tronqué, par la position reculée du membre gauche, rendrait l'attitude peu assurée et la chute probable.

Il est encore une irrégularité du galop qui rend l'attitude plus compromettante, c'est le désaccord, la désunion des appuis, qui constitue le galop *désuni*.

Ainsi, par exemple, si le cheval galope à droite du devant et à gauche du derrière, le bipède latéral droit, très-écarté, pourra ne pas soutenir assez énergiquement le poids de la masse, et le cheval tournant à droite sera exposé à chuter. La chute pourra encore arriver si le cheval tourne à gauche étant dans la même disposition ; mais dans ce cas la cause sera due au trop de rapprochement du latéral gauche.

La vitesse du galop est très-variable ; elle dépend de la taille, de la conformation, de la puissance du cheval, et aussi de la nature du terrain qu'il foule.

Le galop ordinaire, de manœuvre, est moins rapide que le trot allongé. L'Ordonnance fixe sa vitesse à raison de 300 mètres par minute, et l'espace couvert, à chaque pas, à 5 mètres 25 centimètres.

Les expériences de M. le capitaine Raabe constatent cependant que l'espace embrassé, à chaque pas complet de galop, est actuellement de 5 mètres 60 centimètres. Sa vitesse est d'environ 390 mètres par minute, dix minutes pour la lieue.

A mesure que l'allure devient plus rapide, les extrémités embrassent plus de terrain à chaque pas complet ; la projection est plus forte et la trajectoire parcourue plus longue et moins courbée ; les temps de galop se répètent plus souvent dans un temps donné, de sorte qu'arrivé au maximum de vitesse du galop, *la course*, l'espace embrassé est double, 7 mètres et quelques centimètres, et la vitesse environ 8 fois plus grande, 865 mètres par minute, 14 mètres 39 centimètres par seconde. (Aguila 1853).

On a cru pendant longtemps, et beaucoup de personnes partagent encore cette erreur, que le galop de course s'exécute au moyen de sauts successifs de l'arrière sur l'avant-main, de sorte que le corps du cheval se trouverait complètement en l'air pendant l'instant qui sépare la battue des bipèdes postérieur et antérieur.

M. le capitaine Raabe, dans l'ouvrage qu'il vient de publier et dont nous avons déjà eu l'occasion de parler, reproduit cette théorie erronée en s'appuyant sur l'autorité de M. Lecoq. Cet auteur, il est vrai, avait partagé l'opinion générale, dans sa première édition ; mais depuis il a relevé son écart.

On lit, page 416, au titre galop de course (*Traité d'extérieur du cheval et des principaux animaux domestiques*, deuxième édition) :

« Le galop de course a été à tort considéré comme une allure
» particulière dans laquelle le corps serait transporté par une
» succession de sauts dans une direction aussi horizontale que
» possible, par l'action des bipèdes antérieur et postérieur. Ce
» galop n'est autre que le galop à trois temps, extrêmement al-

» longé, exécuté très-près de terre, et laissant entendre, comme
» le galop ordinaire, les trois battues, séparées à chaque pas
» complet par un intervalle. »

En effet, si on regarde un cheval courir, on voit parfaitement
qu'il ne s'élance pas de l'arrière-main sur le devant, de manière
à exécuter un saut, mais que les extrémités sont exactement disposées comme au galop ordinaire.

M. de Saint-Ange, dans son *Cours d'hippologie* (page 193,
1re édit.), s'exprime ainsi sur le galop de course :

« C'est à tort qu'on a défini le *galop de course* un galop à deux
» temps, comme si le cheval courait à la manière des gerboises
» et des coatis. »

Jusqu'ici, l'examen de l'allure est parfait et l'explication exacte ;
mais M. de Saint-Ange commet une erreur lorsqu'il dit ensuite :

» Evidemment le galop de course est le galop ordinaire à son
» dernier terme de vitesse, avec cette différence, toutefois, que
» les jambes, dans chaque bipède antérieur et postérieur, sont
» moins éloignées l'une de l'autre d'avant en arrière que dans le
» galop ordinaire.....

» J'ai souvent été reconnaître sur les hippodromes la trace en-
» core récente des foulées que les chevaux de courses, réputés
» d'une grande vitesse, avaient laissées sur le sol, et j'y ai tou-
» jours vu que ces empreintes étaient disposées comme celles du
» galop ordinaire, avec les modifications que l'on vient toutefois
» de signaler. »

Les modifications signalées plus haut consistent en ce que,
d'après M. de Saint-Ange, *les jambes, dans chaque bipède antérieur et postérieur, sont moins éloignées l'une de l'autre d'avant en
arrière que dans le galop ordinaire.*

C'est précisément le contraire qui a lieu : plus le galop est rapide,
plus l'écartement des membres est considérable. Nous nous en
sommes rendu compte nous-même en faisant courir un cheval sur
un terrain légèrement sablonneux, qui, humecté par une pluie légère, laissait voir parfaitement la trace de chaque extrémité. Un
temps de galop qui couvrit 6 mètres 65 centimètres nous donna
les résultats suivant (courant à droite) :

Distance de l'empreinte du pied gauche postérieur au pied droit du même bipède. . . . . 1 m. 55 c.

Du pied droit postérieur au pied gauche antérieur, diagonal droit 1   70

Du pied gauche antérieur au pied droit antérieur . 1   40

Terrain couvert par les extémités . . . , ... 4   65

Distance parcourue, en suspension, depuis le poser de la jambe droite antérieure jusqu'à celui de la gauche postérieure, commencement d'un nouveau pas. 2   »

Total du pas complet 6   65

De sorte qu'à la course le terrain parcouru pendant les appuis est plus grand que celui de suspension (*pl.* 5, *fig.* 3).

Nous avons répété plusieurs fois cette expérience avec des chevaux différents, et toujours les résultats ont été les mêmes : l'écartement d'une jambe à l'autre beaucoup plus considérable qu'au galop ordinaire.

La chose paraît surprenante au premier abord ; mais si on réfléchit à la rapidité avec laquelle les extrémités se posent et se lèvent, six battues et deux temps de suspension dans moins d'une seconde, on concevra parfaitement ce que l'œil ni l'oreille ne sauraient apprécier.

Ainsi, si nous prenons un cheval courant à droite, au moment où il commence un pas de galop, nous aurons (*pl.* 5, *fig.* 1re) la première case occupée par le pied gauche postérieur, la deuxième par le bipède diagonal gauche, et la troisième par le pied droit de devant. L'espace compris entre la première et la troisième battue sera plus grand que dans le galop ordinaire. La quatrième case représentera le terrain parcouru pendant le temps de suspension.

La diagonale suivie par le centre de gravité sera moins inclinée sur là ligne de projection a b (*pl.* 5, *fig.* 2).

Dans le déplacement vertical, le centre de gravité parcourra la courbe a b (*fig.* 3, *pl.* 5) pendant la détente successive des membres, et la parabole b c représentera le chemin parcouru par le centre de gravité pendant que le corps est privé d'appui.

Le bruit du galop de course laisse entendre trois battues distinctes, quoique très-rapprochées.

Nous croyons que ce qui a contribué le plus à faire considérer le galop de course comme une suite de sauts de l'arrière sur l'avant-main, c'est l'allongement exagéré que les dessinateurs donnent à leurs chevaux : mais on doit tenir compte de l'effet que l'artiste cherche à produire, surtout lorsqu'il s'agit de donner du mouvement et la vie à des corps qui n'en n'ont pas.

Chacun a été plus ou moins surpris par la manière de courir des chevaux d'hippodrome, la première fois qu'il a assisté au spectacle des courses. Les yeux ne trouvent pas, en effet, cet allongement des chevaux qui courent sur le papier ; les coulées s'exécutent si rapidement que, lorsqu'une jambe de devant achève le galop, celles de derrière sont déjà sous la masse, et le cheval progresse ensuite, sans appui, les quatre jambes inclinées en avant et le devant un peu relevé.

CHAPITRE VIII.

COMBINAISON DES EXTRÉMITÉS DANS LE PASSAGE D'UNE ALLURE A UNE AUTRE.

Jusqu'ici nous n'avons étudié le mécanisme des allures qu'isolément, et nous n'avons suivi que la combinaison de chaque mode de progression des allures naturelles ; mais la combinaison des extrémités dans le passage d'une allure à une autre, sans interruption, est plus difficile à saisir, et l'œil le plus exercé ne saurait l'apprécier si le raisonnement ne la lui a préalablement indiquée.

« La rapidité des mouvements, dit Bourgelat (*Traité de la* » *conformation extérieure du cheval*, 7ᵉ édit. 1818, p. 259), l'emportant sur la vivacité de l'organe de la vue ; nous voudrions » en vain discerner et saisir l'étendue ou les intervalles, les comparer et les diviser par parties ; nos efforts ne serviraient qu'à » augmenter le trouble, et chaque objet, ne pouvant être distinctement envisagé, ne ferait sur nous qu'une impression obscure, » confuse, et d'ailleurs trop faible pour asseoir sur elle quelque » chose de certain. Le seul moyen qui s'offre à nous pour dissiper, ou plutôt pour diminuer les ténèbres d'une telle nuit, est » donc de combiner et d'unir les faits les plus apparents dont nos » sens déposent, avec les idées du mécanisme connu de l'animal, » et d'en composer un corps dont la lumière réfléchie puisse au » moins guider et satisfaire notre raison. »

Nous prendrons le cheval au repos, en station forcée, et nous le ferons successivement passer de cette position au pas, du pas au trot et du trot au galop. — Nous l'examinerons ensuite, en suivant l'échelle décroissante de la vitesse, pour apprécier le jeu des extrémités dans les changements d'allure depuis le galop jusqu'à l'arrêt. C'est sur le côté droit seul que nous étudierons ces diverses actions.

Pour entamer le pas à droite, le cheval refoule en arrière et à gauche une partie du poids de sa masse, et dégage ainsi la jambe droite antérieure qui, la première, doit se lever et entamer la marche. Lorsque cette jambe est près d'arriver à la moitié de son soutien, la jambe gauche postérieure commence à se lever, et ainsi de suite du bipède diagonal gauche.

Lorsque le déplacement de la masse devient trop considérable pour que la combinaison lente du pas puisse empêcher la chute, le cheval est obligé d'employer des actions plus rapides et en rapport avec la vitesse survenue : il prend le trot.

En supposant que l'allure commence à droite, la jambe gauche postérieure, qui dans le pas rejoint le sol après la jambe droite de devant, précipite son extension pour arriver à l'appui en même temps que celle-ci, et la première battue du trot s'effectue par le poser simultané du bipède diagonal droit. Le corps est chassé en avant par cette double détente d'une manière plus forte qu'au pas ; et, pendant que le cheval progresse ainsi, le bipède diagonal gauche se dispose à agir suivant le même ordre. Dès lors le trot est bien accusé.

Si nous considérons le cheval marchant au trot et devant prendre le galop à droite, la jambe gauche postérieure, qui dans le trot pose à terre en même temps que la jambe droite de devant, regagnera le sol avant celle-ci en s'engageant beaucoup sous la masse et suivant de très-près le lever du diagonal gauche. Le corps subira à cet instant un léger mouvement de bascule d'avant en arrière provoqué par l'obliquité plus marquée de la jambe gauche postérieure ; la détente de ce membre se produira aussitôt ; le diagonal gauche opèrera ensuite sa foulée quand la jambe gauche postérieure aura presque terminé son extension, et enfin, la jambe droite de devant, par sa percussion, achèvera le galop en relevant l'avant-main obliquement d'avant en arrière pour favoriser un nouvel engagement du jarret gauche. Le corps sera sans appui jusqu'au commencement d'un nouveau pas de galop.

Pour revenir du galop à droite au trot, le cheval arc-boutera sa masse avec la jambe droite antérieure en marquant sur elle un temps d'arrêt. La vitesse sera diminuée. La jambe gauche postérieure, qui est levée depuis la première battue, formera aussitôt son appui, et le cheval, s'étayant sur le diagonal droit, portera le diagonal gauche en avant en même temps que le droit opèrera sa détente.

Dans le passage du trot au pas, le cheval marquera un temps d'arrêt sur le diagonal droit, à l'appui, en s'arc-boutant sur ce bipède. L'impulsion se trouvera diminuée. Après que le reflux de la masse se sera opéré d'arrière en avant, la jambe gauche de devant se posera, la droite se lèvera, suivie du poser de la postérieure droite; la jambe gauche postérieure quittera le sol à son tour et le pas sera rétabli.

Enfin, pour revenir du pas à l'arrêt, le mouvement se trouve arrêté par la jambe droite de devant; la jambe gauche postérieure vient s'établir sur la verticale de l'aplomb; le diagonal gauche, se rangeant ensuite à côté du droit, termine le pas, et le cheval se trouve revenu en station forcée.

Il est facile de comprendre que le cheval mis en mouvement et arrêté par le cavalier n'exécute pas toujours ces divers changements d'allure de la même manière. Ce n'est que lorsqu'il est livré à lui-même que toutes ces combinaisons mécaniques se produisent dans l'ordre que nous venons d'indiquer. Mais combien de gêne, de tares et de souffrances n'éviterait-on pas, combien les mouvements seraient plus faciles, si le tact, aidé du raisonnement, pouvait nous amener à produire des actions volontaires en parfaite harmonie avec les actions et les attitudes naturelles du cheval!

On a pu remarquer dans l'exposé des combinaisons qui précèdent que le cheval commence réellement ses allures par l'action des jambes postérieures. C'est surtout dans la transition du pas au trot et du trot au galop, que cette vérité apparaît avec l'évidence la plus frappante. On voit, en effet, dans le premier cas (du pas au trot), que c'est une jambe postérieure qui précipite son extension pour arriver à l'appui en même temps que l'antérieure opposée en diagonale, et qui détermine ensuite le trot en associant sa détente à la jambe de devant. Dans le second cas (du trot au galop), c'est encore une jambe postérieure qui hâte son soutien et s'engage sous la masse pour produire le galop.

Pour les changements d'allure en sens inverse, c'est-à-dire pour le passage d'une allure vive à une moins rapide, le ralentissement est produit par l'action d'une jambe de devant, quelle que soit l'allure qu'on doive attendre.

Mais ceci est une vérité qui n'a pas besoin d'être démontrée. Et si le célèbre Borelli a vu son principe réfuté jusqu'à ce jour, ce n'est dû qu'à une interprétation mal entendue de sa théorie. On n'a saisi le commencement de l'allure que lorsqu'elle offrait un caractère bien accusé, et non le premier symptôme de sa naissance.

Conservons donc religieusement les principes du savant physicien.

Incipit posteà gressus ob uno pede postico.

CHAPITRE IX.

CARACTÈRES DE BEAUTÉ ET DE BONTÉ DES ALLURES. LEURS DÉFECTUOSITÉS.

Quelle que soit l'allure, elle sera bonne si le cheval l'exécute avec facilité, si les mouvements sont francs, rapides, énergiques, bien soutenus, s'il parcourt l'espace sans se donner beaucoup de mouvements, si les battues, bien accentuées, se reproduisent avec la même cadence, si, enfin, les extrémités présentent de la souplesse, de la vigueur et si le rein se soutient sans efforts.

Dans le pas et le trot, le cheval, examiné de profil, doit élever les pieds à la même hauteur, dans l'avant et l'arrière-main; vues par derrière, les extrémités postérieures devront se mouvoir dans le même plan que les antérieures, de sorte que celles-ci ne puissent être aperçues : ce que l'on traduit en disant que le cheval *se couvre bien*.

Si le cheval en trottant relève beaucoup les membres antérieurs, on dit qu'*il trousse*. Cette action donne du brillant aux allures, mais aux dépens de la vitesse.

Si, au contraire, le cheval ne relève pas assez les jambes, on dit qu'*il rase le tapis*. Cette manière de marcher l'expose à faire des faux pas et à s'abattre.

Les allures présentent encore plusieurs défectuosités qui reconnaissent pour cause : les unes, certains vices de conformation; les autres, des maladies aiguës ou chroniques qui donnent le plus souvent naissance aux boiteries.

CHEVAUX QUI SE BERCENT.

Les chevaux étoffés, à poitrail et croupe larges, se bercent naturellement plus que ceux de conformation régulière.

Le cheval peut se bercer du devant ou du derrière, ou des deux trains à la fois. Dans tous les cas, ce sont toujours des déplacements contraires à la vitesse.

CHEVAUX QUI BILLARDENT.

Les chevaux cagneux et ceux à pieds plats et larges, jettent, pendant la marche, leurs pieds antérieurs en dehors, employant à cette action une force perdue pour la locomotion.

CHEVAUX QUI SE COUPENT.

Les chevaux s'atteignent, s'attrappent, se coupent, lorsque le sabot ou le fer qu'il porte, frappe la corne ou le boulet d'un autre membre.

Ce défaut provient de la faiblesse et le plus souvent d'un vice de conformation des membres.

Les chevaux trop serrés du devant ou du derrière, ceux qui sont cagneux ou panards, ceux surtout qui ont les pieds volumineux, se coupent fréquemment.

CHEVAUX QUI FORGENT.

Par l'expression de forger, on indique un bruit particulier que le cheval fait entendre pendant le pas et pendant le trot, et qui résulte du choc de la pince des pieds postérieurs contre les talons des pieds antérieurs.

Ce défaut provient de plusieurs causes : 1° du manque d'accord des mouvements de l'avant et de l'arrière-main ; 2° de la faute du cavalier qui s'assied trop en avant et laisse beaucoup de longueur aux rênes, d'où il résulte alors une surcharge dans l'avant-main qui retarde son lever ; 3° de la faiblesse due au jeune âge ; mais ce défaut disparaît ordinairement à mesure que le cheval prend de la force ; 4° de la longueur, de la flexibilité ou du peu de force du rein ; 5° de la lourdeur de l'avant-main ; 6° de la longueur disproportionnelle des membres postérieurs.

ÉPAULES FROIDES, ÉPAULES CHEVILLÉES.

(Voyez *Du rapport de mouvement entre l'avant et l'arrière-main*.)

ÉPARVIN SEC.

L'éparvin sec est un mouvement, vif, saccadé, pour ainsi dire convulsif, des extrémités postérieures, sans causes apparentes.

C'est surtout au sortir des écuries et lorsque le cheval passe du galop au trot que les mouvements de *harper* sont très-apparents.

JARRETS VACILLANTS.

On rencontre des chevaux dont les jarrets, pendant l'appui du membre, éprouvent une déviation très-sensible en dehors. Ce défaut n'a pas son siége dans le jarret lui-même ; si on examine attentivement le cheval qui en est affecté, on voit que la déviation provient d'une grande mobilité de l'articulation coxofémorale, et on doit l'attribuer à la faiblesse des muscles qui l'entourent.

EFFORT DE REIN.

On appelle *effort de rein*, *tour de rein*, une vacillation très-forte du train postérieur, due, soit à un état douloureux de la région lombaire, soit à un effort ou à toute autre cause.

On comprend facilement l'influence fâcheuse qu'un pareil défaut doit exercer sur les allures.

BOITERIES OU CLAUDICATIONS.

La boiterie ou claudication se manifeste pendant la marche :

1° Par un appui moins long du membre malade ;

2° Par une élévation plus grande du train dans lequel réside le mal (pendant l'appui du membre malade) ;

3° Par la précipitation avec laquelle le congénère du membre malade exécute son soutien.

Ainsi, un cheval boitant de la jambe droite de devant, par exemple, rejette sa tête un peu en arrière et du côté opposé à la douleur, pour soulager le membre souffrant et reporter une partie du poids du corps sur le membre non affecté.

Si le cheval boite d'un membre postérieur, mêmes symptômes : la croupe, au moment de l'appui, s'élève pour diminuer le poids que doit supporter le membre souffrant, et souvent, en même temps, la tête s'abaisse pour attirer le poids sur l'avant-main.

Dans ce dernier cas, comme dans le précédent, on observe l'iné-galité de l'appui des deux membres du bipède.

Il arrive quelquefois que ce sont les symptômes opposés qui se manifestent ; l'abaissement est alors produit par une douleur plus vive.

Les boiteries peuvent être plus ou moins accusées. Lorsqu'elles sont à peine apercevables, on dit que le cheval *feint*. S'il y a exa-cerbation du mal, le cheval *boite tout bas*. Enfin, il est des cas où le membre malade n'appuie pas sur le sol ; le cheval chemine sur trois jambes.

Tels sont les caractères généraux des boiteries qui indiquent que le cheval boite de telle ou telle jambe. Mais ce qui est difficile à apprécier, c'est le siége réel du mal. Cette question, étant du domaine de l'hippologie, ne doit pas trouver place dans cet ou-vrage.

CHAPITRE X.

ALLURES IRRÉGULIÈRES OU DÉFECTUEUSES.

Les allures irrégulières, telles que l'*amble*, l'*entrepas* et le *traquenard*, rendant les chevaux impropres au service de la cavalerie et surtout à l'équitation raisonnée, ne doivent pas être traitées aussi en détails que les précédentes. Nous nous bornerons à en indiquer le mécanisme sans nous astreindre à l'étude de leurs combinaisons ni à l'exposé des déplacements du centre de gravité.

Du reste, les théories qui précèdent pourront suffire au besoin à quiconque voudra les approfondir.

AMBLE.

L'amble est un mode de progression qui fait entendre deux battues, et dont la combinaison a lieu latéralement. Chaque bipède latéral se trouve à l'appui et au soutien pendant un temps égal, ne faisant entendre qu'une battue, deux par conséquent pour le pas complet. Mais ici chaque bipède latéral ne se lève que lorsque son opposé a effectué son poser, de sorte qu'à cette allure, presque aussi rapide que le trot, il n'existe pas de temps de suspension.

En effet, le centre de gravité se trouvant constamment placé en dedans des points d'appui, rend l'attitude peu assurée et oblige le cheval à précipiter le poser d'un bipède latéral pendant que l'autre est sur le sol. Les pieds ne s'élèvent qu'à la hauteur nécessaire pour effectuer leur transport en avant, le cheval progresse en rasant le tapis.

L'amble est l'allure naturelle de certains animaux, tels que le chameau et la girafe. Ils la prennent lorsque le pas, qu'ils exécutent de la même manière que les autres quadrupèdes, ne peut plus correspondre au déplacement de leur masse. Ils peuvent alors atteindre une vitesse assez grande (1) qu'ils ne peuvent

(1) Au rapport de M. de Buffon le chameau pourrait parcourir 50 lieues en un seul jour, et 400 en 8 jours. Cette donnée nous paraît exagérée.

L'Encyclopédie des gens du monde nous dit que les chameaux du désert,

outre-passer, car leur conformation s'oppose absolument au galop et au cabrer (1).

Chez ces animaux, le train antérieur est fortement charpenté, bien musclé et surchargé d'une très-longue encolure. Leur ventre est très-peu développé et leur arrière-main, excessivement grêle, peu chargée de chair, ne présente pas assez de puissance pour enlever et projeter la masse autrement qu'à l'amble.

chargés de **6** à 800 livres, franchissent, en un jour, une distance de 15 à 17 lieues (au pas probablement).

D'après les expériences que nous avons faites nous-mêmes, on peut établir que la vitesse du chameau, à l'allure du pas, est à peu près la même que celle du cheval, 35 minutes pour la lieue; et qu'à son allure la plus vite, l'amble, elle n'atteint pas celle de nos grands trotteurs; elle est tout au plus égale à la vitesse du galop soutenu, 10 minutes pour la lieue.

Il faudrait donc à un chameau, légèrement chargé :

6 heures d'amble pour 36 lieues ⎫ 36 lieues × 10 m. = 360 m. ou 6 heures.
8 h. 10 m. de pas pour 14 lieues ⎬ 14 lieues × 35 m. = 490 m. ou 8 h. 10 m.

14 h. 10 m.   50

En tout 14 heures 10 minutes de marche non interrompue pour parcourir 50 lieues.

Or, il n'est pas possible que ce quadrupède puisse marcher plus de 14 heures par jour, pendant 8 jours consécutifs, en parcourant à peu près les trois quarts du trajet à son allure la plus allongée.

Il serait à désirer que des expériences nouvelles et plus approfondies que celles que nous avons été à même de faire, vinssent éclairer cette question : elle n'est pas sans intérêt pour l'économie politique de notre colonie algérienne.

Nota. — Nos expériences n'ont porté que sur des chameaux du Tel. Jamais nous n'avons eu sous la main ces fameux *méharis* (chameaux du désert), qui, dit-on, sont au chameau ordinaire ce que le cheval de course est au cheval de trait. Peut-être sont-ils capables de franchir de très-grandes distances avec toute la rapidité qu'on leur prête.

Si des faits d'observation venaient à constater leur supériorité, nous proposerions de leur réserver exclusivement le nom de *dromadaire*, de *dromas*, coureur, et de laisser la dénomination commune de *chameau* à tous ceux d'espèces inférieures.

(1) Aucun moyen ne nous a réussi pour mettre un chameau au galop. On sait que le chameau ne se cabre pas pour s'accoupler avec sa femelle et que celle-ci est obligée de s'affaisser sur elle-même pour se mettre à sa portée.

On pourrait supposer jusqu'à un certain point que les chevaux ambleurs doivent leur allure à une conformation analogue, car ils portent ordinairement une tête volumineuse au bout d'une encolure plutôt horizontale que relevée, et leur arrière-main est grêle, par rapport à l'avant-main.

L'amble peut être donné par l'éducation, mais les chevaux auxquels on le donne ne tardent pas à reprendre leur allure naturelle si la cause qui l'a produit cesse d'agir.

On voit, en Afrique, les mules réservées aux femmes de familles nobles, très-bien dressées à marcher à l'amble.

PAS RELEVÉ, — HAUT-PAS, OU MIEUX ENTRE-PAS.

Lorsque les battues sont précipitées et qu'elles ne présentent pas entr'elles les espaces de temps qui les séparent dans le pas régulier, le cheval marche le haut-pas ou pas-relevé.

On entend alors quatre battues, mais tellement rapprochées en diagonale qu'elles paraissent souvent se lier et même se confondre. C'est le *tara-tara* du trot détraqué, avec cette différence que le pied postérieur gagne le sol le dernier. La vitesse est aussi moins grande que dans le trot détraqué, parce que les extrémités postérieures, opérant leur détente après celles de devant, trouvent leurs actions limitées par celles-ci, qui exécutent leur lever et leur poser comme au pas ordinaire, c'est-à-dire sans qu'il y ait saut dans l'allure.

L'expression de haut-pas ou de pas relevé, définit mal cette action locomotrice, car elle laisse croire que les extrémités se lèvent très-haut pendant la marche. Il n'en est pourtant pas ainsi; la rapidité avec laquelle elle s'exécute, ne permettant aux membres de ne se lever que juste ce qu'il faut pour ne pas rencontrer le sol pendant leur extension. Selon nous, l'ancienne expression *d'entre-pas* convient beaucoup mieux.

TRAQUENARD OU AMBLE ROMPU.

Le traquenard est une allure irrégulière assez rare.

Dans ce genre d'allure, les battues sont distinctes et séparées

6.

par des intervalles inégaux, comme dans l'entre-pas, excepté qu'elles sont plus rapprochées dans les bipèdes latéraux que dans les diagonaux. C'est ce qui lui a valu la dénomination d'*amble rompu*.

On peut considérer le traquenard comme un pas très-accéléré se rapprochant de l'amble; tandis que l'entre-pas ressemble plus au trot par sa combinaison diagonale. En un mot, l'entre-pas est au trot ce que le traquenard est à l'amble.

GALOP A QUATRE TEMPS.

Lorsque le galop fait entendre quatre battues dans un pas complet, il est irrégulier et on l'appelle galop à quatre temps.

Le bipède diagonal, qui, dans le galop ordinaire, pose simultanément, n'opère sa percussion que successivement, en commençant par le pied postérieur; ainsi, dans le galop à droite, la jambe gauche de derrière fait entendre la première battue, premier temps; la deuxième battue, deuxième temps, est opérée par la jambe droite postérieure; la troisième battue, troisième temps, par la jambe gauche de devant, et enfin, le quatrième temps par la jambe droite antérieure qui achève le pas complet.

Ce galop est commun aux chevaux usés, ruinés par le travail raccourci du manége. Il peut aussi être le résultat d'une conformation vicieuse ou de la faiblesse de détente du train postérieur; mais c'est à tort que M. Lecoq l'a appelé galop de manége, car l'équitation actuelle n'admet que des allures régulières, soutenues et parfaitement cadencées.

AUBIN.

L'aubin est la seule allure réellement défectueuse: elle consiste en un mélange confus de trot et de galop.

On rencontre des chevaux, dit M. Lecoq, arrivés au dernier degré d'usure, qui, pressés par le fouet du conducteur ou par les jambes du cavalier, et ne pouvant soutenir un trot allongé, cherchent à se soulager en prenant momentanément le galop. Leur force n'étant plus en rapport avec leur volonté, ils élèvent bien l'avant-main comme s'ils allaient galoper, mais le train affaibli continue d'aller au trot, ne pouvant faire davantage.

Dans les cas les plus ordinaires, les chevaux galopent du devant et le derrière suit au trot; on voit cependant des chevaux qui présentent la combinaison contraire.

CHAPITRE XI.

Il n'est pas douteux que l'étude du mécanisme de l'appareil lo-comoteur et des différentes allures, ne soit d'un grand secours à l'équitation et au dressage du cheval. Comment nier, en effet, que la préparation et l'exécution des mouvements puisse avoir les meilleurs résultats possibles, lorsqu'elles sont provoquées par des actions en parfaite harmonie avec la construction et le mécanisme de la machine ?

Si on trouve des chevaux qui ont été dressés et qui obéissent à des actions que nous appellerons irrégulières, on ne peut cependant pas contester que les résultats n'eussent été plus positifs et surtout plus prompts si les moyens employés avaient été dictés par le raisonnement.

Le cheval ne comprendra-t-il pas mieux, si on sait disposer sa masse de telle façon qu'il ne puisse survenir que ce qu'on exige de lui ?

Celui qui s'immortalisa par la *Retraite des Dix-Mille* avait par-faitement reconnu la nécessité d'agir suivant le mécanisme des allures du cheval, lorsqu'il dit dans son traité d'équitation : « Puis, le beau galop étant celui où la gauche entame le chemin, » on mettra le cheval aisément dans sa position, si, pendant » qu'il trotte, on saisit l'instant où il pose le pied droit à terre, » pour alors le toucher du bois de la pique, car ayant à lever le » pied gauche, il partira de ce pied, et ainsi tournant à gauche, » il se trouvera juste et dans sa vraie position. (*Traduction de* » *P.-L. Courier*). »

Depuis Xénophon jusqu'à ce jour, beaucoup d'écuyers ont abordé la question du mécanisme des allures relativement à l'é-quitation. Nulle part elle n'a reçu un développement assez com-plet pour que l'on puisse en tirer des principes utiles.

Bergeret de Frouville (1787, *Équitation militaire*), enseigne, pour faire reculer le cheval, un moyen que nous avons déjà indiqué; mais sans en donner le pourquoi.

« Si le cheval refuse de reculer, le cavalier doit approcher les
» jambes jusqu'à ce qu'il en lève une comme s'il voulait avancer;
» dès qu'il aura levé la jambe, il suffira de faire agir la rêne du
» même côté pour la lui faire porter en dedans et le forcer à re-
» culer. »

C'est tout ce que l'on trouve, dans son ouvrage, de relatif à la question qui nous occupe.

Le Vaillant de Saint-Denis (opuscule sur l'équitation, 1789), avance que : « Toutes les parties du cheval se règlent sur la posi-
» tion de la tête, et celui qui, suivant sa constitution, sera par-
» venu à la bien placer, est plus en obéissance. »

» Il importe de connaître la structure du cheval, dit-il plus
» loin, pour savoir comment on doit le conduire et se procurer
» des moyens faciles. »

Quant aux moyens, il n'en indique aucun.

Dupaty de Clam (1767), Montfauçon (1778), Thiroux (an VII), M. Aubert (1856), et beaucoup d'autres auteurs ont également traité cette question d'une manière vague, peu étendue et souvent er-ronée.

On lit dans tous les ouvrages d'équitation : *La connaissance du mécanisme du cheval est indispensable à la bonne équitation*. Le principe est vrai : mais aucun de ces ouvrages ne traite la question *in extenso*. Ces auteurs se contentent tout bonnement d'expo-ser un ou deux principes, le plus souvent sans bases, ceux sans doute que leurs prédécesseurs ou leurs contemporains avaient né-gligé d'enseigner : de sorte que pour avoir aujourd'hui une mé-thode juste, rationnelle, à peu près complète, il faudrait néces-sairement compulser les nombreux ouvrages écrits sur l'équita-tion, à moins pourtant qu'on ne l'inventât soi-même. Mais cette compilation aurait certainement un intérêt fort piquant, car à tout instant on rencontre dans les écrits poudreux des an-ciens écuyers des principes précieux que les écuyers actuels ap-pellent, *mon invention, ma ficelle, etc.*

Certes, nous ne voulons diminuer en rien le mérite des nouveaux auteurs ; que seulement il nous soit permis de dire que leurs efforts d'imagination sont perdus pour la *science*, puisqu'ils ont créé ce qui existait déjà.

Dans la description que nous avons faite précédemment de la machine animale, et dans l'examen des divers mouvements qu'elle peut exécuter, nous avons indiqué les moyens d'empêcher ou d'obtenir les déplacements. Il nous reste à étudier maintenant les actions que le cavalier doit employer pour faire naître les différentes allures ainsi que les divers mouvements qu'on emploie journellement.

Nous supposons le cheval docile aux aides. Il faudra le rassembler, le préparer, toutes les fois qu'on devra passer d'une allure à une autre, ou bien exécuter des mouvements latéraux ou rétrogrades. Cette préparation devra disposer l'arrière-main à produire l'allure ou le mouvement, et mettre l'avant-main dans le cas de l'exécuter. La mobilité de la masse, devenue plus grande à la suite du rassembler, rendra son déplacement plus prompt et beaucoup plus facile : ce sont les prescriptions de l'Ordonnance, qui veut que chaque mouvement soit précédé du rassembler.

Mais le rassembler, que nous appellerons, dans ce cas, la préparation du mouvement, doit-il être toujours le même ? Nécessairement il doit varier, et sa combinaison doit être telle que le mouvement que l'on prépare en soit la conséquence directe.

Or, si nous voulons faire partir au pas, à droite, un cheval en station forcée, il faudra que la préparation dispose la masse de manière à alléger la jambe droite antérieure au préjudice de celles qui ne doivent quitter le sol qu'après elle. L'effet des aides devra donc se produire suivant le diagonal droit et d'avant en arrière.

La masse ainsi disposée, le cavalier n'aura plus qu'à faire agir les jambes pour provoquer le déplacement ; la main aidera en même temps en se portant un peu à gauche pour faciliter la naissance du mouvement et fixer la jambe gauche antérieure à terre.

Si, pendant l'allure, on veut rassembler le cheval pour augmenter sa mobilité et le préparer à l'exécution d'un mouvement
quelconque, la main et les jambes devront se soutenir à l'instant
où un pied de devant pose à terre, mais de telle sorte que l'action
diagonale des aides qui répond à ce même pied, prime sur l'autre.
Si ce soutien se continue sur chaque diagonal, on obtiendra,
après trois ou quatre posers, une très-grande mobilité. En effet,
ces actions diagonales combinées suivant le mécanisme de l'allure,
fixeront à terre les pieds antérieurs, et les membres postérieurs,
stimulés par l'action des jambes, s'engageant davantage sous la
masse, laisseront moins de longueur à la base de sustentation.

Supposons que le rassembler doive préparer la masse à tourner à droite, les actions du cavalier devront se combiner de
manière à ployer légèrement l'encolure de ce côté. (Nous avons
indiqué plus haut l'avantage de cette fonction. *(Voyez galop.)*

L'instant le plus favorable pour obtenir le tourner à droite sera
celui où le pied gauche antérieur arrive au sol, car alors la jambe
droite peut s'étendre et gagner du terrain vers la droite. Le pied
droit postérieur, s'engageant aussitôt, étaiera solidement le corps
et lui servira de pivot. Si on exigeait le tourner sur le pied droit,
le cheval serait forcé de faire chevaucher sa jambe gauche par-
dessus la droite ; le mouvement deviendrait beaucoup plus difficile, et la jambe droite pourrait ensuite, en se levant, rencontrer
la gauche : il y aurait croc-en-jambe.

Il faut donc, pour obtenir le tourner facile et sûr, placer d'a-
bord le cheval, et ensuite provoquer le mouvement quand le pied
du dehors pose à terre.

Dans les contre-changements de main, c'est-à-dire lorsqu'on
passe du mouvement d'appuyer à droite à celui opposé, il faut
encore imprimer la nouvelle direction au moment où le pied qui
devient celui du dehors pose à terre. C'est une excellente méthode
pour préparer le cheval au changement de pied.

Dans l'*École du cavalier à pied* on trouve ce principe appliqué
aux à-droite et aux à-gauche en marchant.

Pour l'à-droite, l'instructeur fait le commandement : « Marche
» à l'instant où le pied gauche va poser à terre. Quand c'est à

» gauche, etc... Par ce moyen, le cavalier entame toujours
» la nouvelle direction avec la jambe du côté vers lequel il
» tourne). »

De même que l'instructeur fait le commandement : MARCHE à
l'instant où le pied va poser à terre, de même aussi le cavalier
doit opérer un peu avant que le pied du cheval n'arrive au sol,
car l'effet des aides ne se transmet pas instantanément.

Pour obtenir l'arrêt, en marchant au pas, il faut que l'action
de la main se produise au moment où un pied antérieur effectue
son poser, et l'effet de la bride doit se continuer jusqu'à ce que
les extrémités se soient rangées sur leurs lignes d'aplomb ; mais
il doit cesser alors, et les jambes doivent se soutenir, car la
force qui arrête instantanément un corps en mouvement lui im-
prime une vitesse rétrograde, variable par diverses causes que
nous ne pouvons examiner ici.

Les principes que nous venons d'établir pour le pas s'appli-
quent également au trot et au galop et sont parfaitement en harmonie avec les actions locomotrices des extrémités.

En effet, pour passer du pas au trot et du trot au galop à droite,
l'action des aides doit primer sur le diagonal droit, et si
l'action déterminante se produit à l'instant où le pied gauche
antérieur pose à terre, nous verrons, dans le passage du pas
au trot, le pied droit postérieur arriver à l'appui avant que son
opposé en diagonale se soit levé, et leur détente simultanée, pous-
sant la masse plus rapidement, obligera le bipède opposé à aller
la recevoir suivant la combinaison du trot.

Dans le passage du trot au galop il en sera de même : l'action
déterminante arrivant au moment où le bipède diagonal gauche
opère sa battue, la jambe gauche postérieure sera obligée de hâter
son soutien et de devancer son associée en diagonale. La première battue du galop sera dès lors effectuée. Les trois autres
extrémités opèreront successivement leur percussion dans l'ordre
naturel (1).

(1) Voir le chapitre du *galop* pour les autres combinaisons du départ.

Pour les doublers, le cheval marchant au trot ou au galop, il faut, ainsi qu'au pas, que le cavalier opère la préparation à l'instant du poser des jambes, et que l'action déterminante soit produite sur le pied du dehors (1).

De même pour les contre-changements de main en marchant au trot. Quant à ceux qui s'exécutent au galop, comme ils exigent un changement de pied, nous les examinerons plus tard.

Pour arrêter, le cheval marchant au trot, ou pour le mettre au pas, il faut encore agir au moment où l'un des pieds antérieurs pose à terre ; car nous avons démontré précédemment que l'arrière-main, dans ce cas, se règle sur l'avant-main.

Les arrêts à l'allure du trot peuvent s'obtenir indistinctement sur l'un ou l'autre pied antérieur. Mais au galop, il n'en est pas de même. L'arrêt, le ralentissement ou le passage du galop au trot ne peuvent s'obtenir qu'en opérant sur la jambe qui pose la dernière à terre. Ainsi, galopant à droite, si on veut arrêter, ralentir ou mettre le cheval au trot ou au pas, l'action déterminante doit produire son effet à l'instant où le pied droit antérieur pose sur le sol, et se continuer ensuite un instant, car si la main cédait à ce moment, les extrémités postérieures, venant ensuite s'engager sous la masse, auraient toute leur liberté d'action pour produire leur détente, qui serait alors très-puissante et l'on n'atteindrait pas le but.

Nous venons d'indiquer les moyens de faire passer le cheval du trot au galop. Mais le cheval peut partir au galop en marchant au pas ou étant à l'arrêt.

Voyons d'abord quels seront les moyens à employer dans le premier cas.

Pour que le cheval, marchant au pas, parte au galop à droite en suivant la combinaison la plus conforme à ses allures, il faut nécessairement que le galop soit demandé au moment où le pied

(1) Tout le monde a dû remarquer, dans le travail du manége, que les doublers s'obtiennent plus ou moins facilement. Le doubler est toujours facile, aisé, lorsqu'il est demandé quand le pied du dehors va poser à terre.

gauche postérieur arrive à terre. En effet, à ce moment, le pied gauche antérieur est au soutien, le pied droit postérieur se lève. L'effet des aides, s'opérant à cet instant même, provoque la détente du membre postérieur gauche. La jambe droite de devant se lève, suivie du poser du diagonal gauche, et enfin lorsque la détente de celui-ci est près de finir, le pied droit du devant exécute son poser, et le premier pas de galop est accompli.

Lorsque le cheval est de pied ferme, le galop à droite se demande de la même manière que le pas, mais avec des actions plus énergiques. Ainsi la préparation devra être faite de manière à charger le jarret gauche et à alléger la jambe droite de devant. La machine sera ensuite mise en mouvement par l'action des jambes du cavalier, la gauche portée plus en arrière que la droite; la main, cédant aussitôt pour permettre le mouvement, se soutiendra un peu à gauche. La jambe droite du cavalier se maintiendra fixe pour éviter que les hanches du cheval ne soient portées à droite par l'effet latéral de la main.

Nous voici arrivé à une action locomotrice qui a vu bien des controverses, et qui cependant peut facilement être expliquée par le mécanisme des allures : nous voulons parler du changement de pied du galop au galop.

M. Raabe, capitaine au 6ᵉ de dragons, dans un examen du *Cours d'équitation* de M. d'Aure (1854), a parfaitement relevé l'erreur commise à ce sujet par l'auteur de l'*Ecole du cavalier au manége*. Nous ne saurions mieux faire qu'en laissant parler M. M. Raabe lui-même : sa critique est fort judicieuse et ses principes très-exacts, à cet égard...

On lit page 156 de l'examen :

CHANGEMENT DE PIED D'APRÈS M. GUÉRIN.

« L'*Ecole du cavalier au manége*, par A. Guérin, capitaine
» écuyer à l'Ecole de cavalerie, nous enseigne une théorie parti-
» culière pour le changement de pied : nous allons en faire l'a-
» nalyse. »

Edition 1852, page 124. — CHANGEMENT DE PIED SANS CHANGER D'ALLURE.

Le changement de pied sans changer d'allure n'est à vrai dire qu'un nouveau départ sans interruption du galop ; mais il faut saisir le moment opportun pour obliger le cheval à changer la combinaison de ses extrémités sous la masse, par une nouvelle répartition de son poids.

« Le changement de pied ne saurait être comparé à un nou-
» veau départ sans interruption de galop. Dans un départ, le
» centre commun de gravité est réparti préalablement plus en
» arrière, ce qui ne pourrait se faire, au galop, sans ralentir la
» vitesse de l'allure ; cette comparaison n'est donc pas exacte.

« Il est très-essentiel de saisir le moment opportun pour pro-
» voquer le changement de pied ; mais ce moment n'est pas celui
» indiqué par M. Guérin : comme aussi l'on ne saurait surchar-
» ger un pied postérieur en employant les moyens qu'il prescrit. »

(*Suite*). *En effet, puisqu'il a été démontré, à la 3ᵉ leçon, que pour obtenir le galop à droite, il faut charger le jarret gauche et en provoquer la détente, il devient donc nécessaire, entre deux temps de galop, de faire passer le poids de la hanche gauche sur la droite, pour que le jarret droit, chargé à son tour, produise, en se détendant, le galop à gauche.*

M. Raabe répond à ceci que, dans le départ au galop, de pied ferme, le jarret gauche peut être chargé, et que c'est la manière sûre d'obtenir le départ juste. Mais il n'admet pas, avec juste raison, que les aides du cavalier puissent opérer avec assez de précision et d'à-propos pour faire passer le poids de la masse d'une hanche sur l'autre, à l'instant même où le corps serait, pour ainsi dire, privé d'appui entre la première foulée du galop et celle du bipède diagonal qui la suit : « Et pourtant, dit-il,
» c'est le résultat qu'il faudrait atteindre pour charger le jarret
» droit, car il faudrait alors, par un effet rapide des aides,
» provoquer sa détente, pour projeter la masse en avant. — Cela
» est-il possible ? »

(*Suite*). *On sait qu'après avoir été projetée par le jarret gauche et avoir progressé* (1), *la masse, en arrivant sur le sol, est reçue*

(1) L'erreur de M. le capitaine écuyer Guérin se reproduit encore ici.

par le bipède diagonal gauche, puis par la jambe droite de devant:
c'est donc au moment où la jambe droite de derrière est engagée
sous la masse que le cavalier doit fixer le poids de cette partie,
pour en provoquer ensuite la détente et obtenir le galop à gauche,
ce qui constitue le changement de pied.

« Admettons que ceci puisse se faire, dit M. Raabe, au mo-
» ment de l'action des aides, pour provoquer la détente du jarret
» droit; la masse serait donc appuyée sur le membre postérieur
» droit principalement et sur le membre antérieur gauche, le
» pied gauche postérieur viendrait de se mettre au soutien, celui
» antérieur droit irait opérer son poser.

» Pour rendre notre critique plus claire, nous allons étudier
» successivement le jeu des extrémités dans le commencement
» d'un pas de galop à droite (1re et 2e foulées) et dans un pas
» complet de galop à gauche.

» La masse descend, elle s'appui, sur :

» 1° Le pied gauche postérieur,   1re foulée;
» 2° Le bipède diagonal gauche,   2e foulée.

» A ce moment la jambe gauche de devant se lève. — Comment
» la masse repose-t-elle sur le jarret droit? Il n'y a pas de pro-
» jection, le cheval est toujours à terre :

» 1° Le jarret droit, sans avoir quitté le sol, produit sa détente,
» il marque ainsi la 1re foulée du galop à gauche;

» 2° Puis vient le bipède diagonal droit,   2e foulée;
» 3° Enfin le pied gauche antérieur,   3e foulée.

» Voilà un cheval qui a parcouru 5 foulées, sans quitter le sol
» des quatre pieds. — Est-ce possible?

. . . .

. . . .

» Pour le départ, on doit incliner la masse sur les pieds à
» l'appui; tandis que pour le changement de pied on l'incline sur
» les membres au soutien (1).

(1) L'inclinaison de la masse sur un membre au soutien n'est pas possible,
et l'on verra bientôt l'erreur dans laquelle cette théorie à entraîné M. le capitaine Raabe.

» Quand on saisit le temps du poser du membre antérieur droit
» pour provoquer le changement de pied à gauche, en inclinant
» doucement le corps à gauche, ce pied quitte le sol après avoir
» opéré sa percussion, tout est en l'air. Le cheval, menacé d'une
» chute en avant et à gauche, dirige ses deux pieds gauches,
» qui étaient en arrière des droits, dans cette direction : les
» quatre pieds ont fait leur inversion. »

Nous sommes parfaitement de l'avis de M. Raabe, quant au
moment de demander le changement de pied ; il ne pourrait avoir
lieu autrement. Mais pour ce qui est de l'inversion des quatre
pieds, ce n'est qu'à la faveur de l'appui sur la jambe qui pose la
dernière à terre, qu'elle peut et doit commencer, et non quand
la masse est en l'air.

Nous savons d'avance qu'on ne manquera pas de taxer de
subtilités toutes ces théories d'équitation. Est-ce plus rationnel,
plus sûr, plus positif de s'en rapporter à la plus ou moins grande
finesse de son tact, pour arriver à saisir les instants précis,
favorables, à l'exécution des mouvements, que d'enfourcher le
cheval après en avoir étudié le mécanisme et d'opérer alors avec
connaissance de cause ?

Les écuyers qui ont atteint autrefois cette exécution presti-
gieuse qui fait vivre encore leur nom, ne devaient leur savoir
qu'à un tâtonnement longtemps continué, et qui leur avait permis
d'apprécier que telle action, combinée de telle manière, à un
instant retenue par la mémoire de l'assiette, produisait un meil-
leur résultat que telle autre action différemment combinée. De là,
les mystères impénétrables à tout cavalier qui ne possédait pas
le *tact*, le *sentiment équestre*. De là l'impossibilité aux profes-
seurs d'expliquer leurs actions d'équitation, parce qu'elles n'é-
taient pas le résultat du raisonnement, mais seulement d'une
longue et aveugle routine, confirmée par un sentiment particulier pour ainsi dire automatique.

Mais aujourd'hui il n'en n'est plus ainsi : on va au fond des
choses et on se rend compte de tout.

Qu'on étudie attentivement la combinaison des allures, et l'on
nous dira ensuite si le changement de pied provoqué à tout autre

moment que celui que nous avons indiqué est réellement possible.

Croirait-on que ce que l'on appelle rouler un cheval, en équitation de *turf*, soit une manie de jockey, sans but ni raison?

Or donc, toutes les fois qu'un changement d'allure, un tourner, un départ au galop, un changement de pied, en un mot lorsque tous les mouvements d'équitation seront exigés par des actions conformes au mécanisme de l'appareil locomoteur, l'exécution en sera:

Facile, parce qu'elle se fera naturellement;

Gracieuse, parce que tout mouvement contre nature ne saurait avoir de la grâce;

Sûre, parce qu'elle sera la conséquence d'une combinaison mécanique naturelle;

Plutôt comprise du cheval ignorant, parce qu'elle sera dans l'ordre des mouvements possibles, et qu'un mouvement irrégulier ne saurait être promptement compris de lui.

Tous les moyens sont bons, entend-on quelquefois dire, quand ils amènent des résultats. Nous sommes loin de partager cet avis. Les principes d'équitation, comme ceux de dressage, sont uns. Ce sont leurs nuances très-variables qu'il faut savoir apprécier et appliquer à la construction, au caractère, à l'âge du cheval. Sans raisonnement, sans théories sûres, pas d'équitation positive, pas de dressage assuré et rapide.

CHAPITRE XII.

DE L'APPUI EN ÉQUITATION, ET DE SON INFLUENCE SUR LA VITESSE DES ALLURES.

On entend par appui, d'après M. le comte d'Aure, le rapport constant qui doit exister entre la main du cavalier et la bouche du cheval, rapport qui facilite au plus haut degré la direction et l'exécution des mouvements, puisque le gouvernail sur lequel il s'opère peut être ébranlé sans secousses, sans surprise, lorsqu'il s'agit de diriger la machine en différents sens.

La définition de ce principe vrai et juste porte avec elle son commentaire.

L'appui, d'après M. d'Aure, favorise puissamment la vitesse des allures en permettant de les régler, et surtout en donnant de la confiance au cheval.

Un homme descend un escalier beaucoup plus rapidement lorsqu'il peut s'appuyer sur une main-courante. On pourra objecter que la hardiesse, dans ce cas, est donnée en partie par l'appui que la personne prend en dehors d'elle-même, et qu'il n'en est pas de même de l'appui que l'on fournit au cheval lorsqu'on est monté sur son dos.

L'effet moral, la confiance, sont-ils nuls ?

Si maintenant on veut approfondir la question avec nous, on trouvera peut-être qu'il y a un effet physique.

Le cavalier est-il placé d'une manière tellement inébranlable sur le cheval, qu'on puisse le considérer comme en faisant absolument partie. La réponse ne peut être qu'une. Or, il arrive, dans les allures, que la masse du cavalier, plus ou moins déplacée par les secousses, et n'ayant plus qu'une partie de son poids sur le corps du cheval, peut être considérée comme un corps isolé par lequel l'appui doit agir d'une manière plus ou moins puissante sur le cheval en mouvement.

Nous avons nous-même apprécié cette cause physique sur le cheval, par les effets que nous en avons fort souvent ressentis.

Si l'on veut ralentir une allure vive ou l'arrêter, on y parvient beaucoup plus facilement en soutenant le corps verticalement et en fixant les genoux, qu'en pesant sur l'assiette et en inclinant le corps en arrière. C'est que, dans ce dernier cas, le corps du cavalier, plus adhérant au cheval, tend davantage à en faire partie; tandis que, dans le premier, le corps, éprouvant de plus forts déplacements, à cause de sa verticalité, se trouve plus ou moins éloigné de la selle, et l'action qui en part produit d'autant plus d'effet sur le cheval, qu'il se trouve plus isolé de lui.

Le point d'appui ne ressemble donc pas, comme l'a écrit M. Flandrin, « au ridicule de celui qui voudrait, à la manière de Paillasse, s'enlever de terre en se prenant par les hanches, » ce serait nier l'effet de la bride.

FIN.

Unité de mesure

Planche I

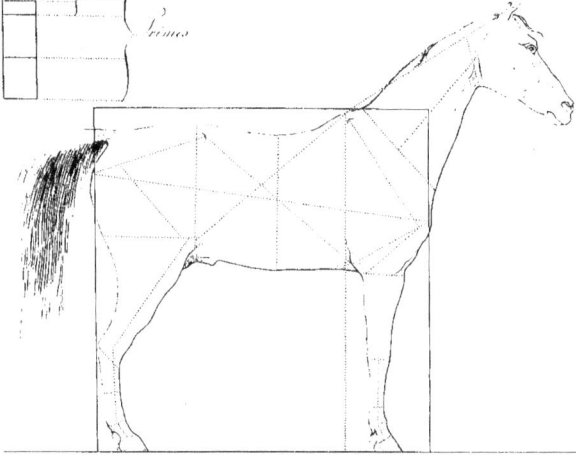

Figure 1.re

Planche II

Fig. 2.

Fig. 3.

Fig. 4.

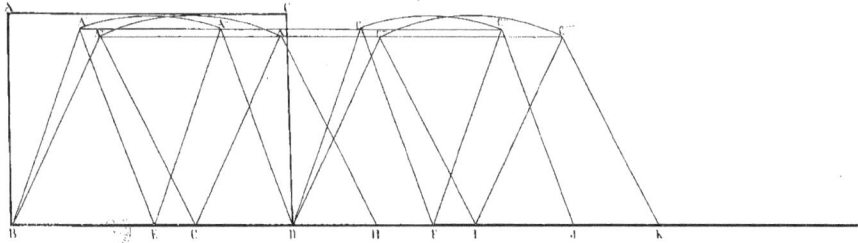

Figure 1re.   Planche III.

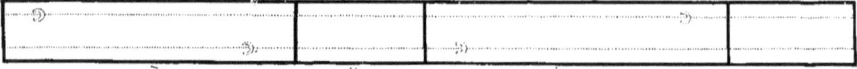

Fig. 2

Fig. 3.

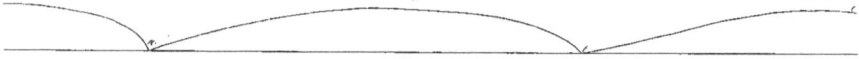

Figure 1re.   Planche IV.

Fig. 2

Fig. 3.

Figure 1re.   Planche V.

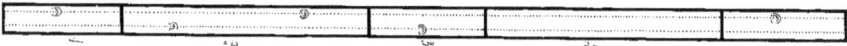

Fig. 2.

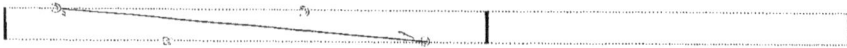

Fig. 3.

www.ingramcontent.com/pod-product-compliance
Lightning Source LLC
Chambersburg PA
CBHW071458200326
41519CB00019B/5792